Jürgen Schuller

Faszinierende Bäume in der Oberpfalz

BaumGeschichte(n) · Biologie · Mythologie

JÜRGEN SCHULLER

BAUMGESCHICHTE(N)
BIOLOGIE
MYTHOLOGIE

Faszinierende BÄUME in der Oberpfalz

BUCH- UND KUNSTVERLAG
OBERPFALZ

Bibliografische Information der Deutschen Nationalbibliothek

Die Deutsche Nationalbibliothek verzeichnet diese Publikation in der Deutschen Nationalbibliografie; detaillierte bibliografische Daten sind im Internet über http://dnb.dnb.de abrufbar.
ISBN 978-3-95587-094-2

MIX
Papier aus verantwortungsvollen Quellen
FSC® C014138
FSC
www.fsc.org

Für uns, die Battenberg Gietl Verlag GmbH mit all ihren Imprint-Verlagen, ist Nachhaltigkeit ein wichtiger Teil unserer Unternehmensphilosophie. Daher achten wir bei allen unseren Produkten auf den Einsatz umweltschonender Ressourcen und Materialien.
Dieses Buch wurde auf FSC®-zertifiziertem Papier gedruckt. FSC (Forest Stewardship Council®) ist eine nicht staatliche, gemeinnützige Organisation, die sich für die verantwortungsvolle und ökologische Nutzung der Wälder unserer Erde einsetzt.

Unsere Partnerdruckerei kann zudem für den gesamten Herstellungsprozess nachfolgende Zertifikate vorweisen:
- Zertifizierung für FOGRA PSO
- Zertifizierungssystem FSC®
- Leitlinien zur klimaneutralen Produktion (Carbon Footprint)
- Zertifizierung EcoVadis (die Methodik besteht aus 21 Kriterien in den Bereichen Umwelt, Einhaltung menschlicher Rechte und Ethik)
- Zertifikat zum Energieverbrauch aus 100 % erneuerbaren Quellen
- Teilnahme am Projekt „Grünes Unternehmen" zum Schutz von Naturressourcen und der menschlichen Gesundheit

Bildquellen:
Alle Bilder vom Verfasser mit folgenden Ausnahmen:
Karten; Geodaten: Bayerische Vermessungsverwaltung 2019
Seite 68; 102; 125; 169; 172 links oben; 172 unten; 173; 176: Lea Simone Bogner
Seite 35 oben; 160: Christian Wolf
Seite 10, links oben: Christoph Schütz auf Pixabay
Seite 15, links unten; Seite 35 unten: Manfred Richter auf Pixabay
Seite 16, Mitte und unten: Petr Filippov [CC BY-SA (https://creativecommons.org/licenses/by-sa/3.0)]
Seite 18, unten: Richard Loader on Unsplash
Seite 26, unten: Nenko Lazarov [CC BY-SA (https://creativecommons.org/licenses/by-sa/2.5)]
Seite 28: Hans Braxmeier auf Pixabay

2. Auflage 2022
ISBN 978-3-95587-094-2

www.battenberg-gietl.de
Layout: Regina Schindler

INHALTSVERZEICHNIS

Über drei Milliarden Bäume wachsen in der Oberpfalz. Diese unvorstellbare Zahl hat die letzte Bundeswaldinventur ergeben. Damit gehört die Oberpfalz zu den baum- und waldreichsten Regionen Deutschlands.

Von den vielen Oberpfälzer Bäumen stelle ich 25 in diesem Buch vor. Bäume, die entweder besonders schön, sehr alt, selten, berühmt oder sehr dick sind. Manchmal sogar alles zusammen. Immer sind es besondere Baumpersönlichkeiten, die mich zum Fotografieren und Schreiben inspiriert haben.

BAUMREICHE OBERPFALZ

KLEINE BAUMFÜHRUNG

Beginnen möchte ich mit einer kleinen Baumführung, mit der ich kurz erklären mag, wie man die im Buch gezeigten Bäume erkennt. Weltweit unterscheiden die Biologen rund 26 400 Baumarten, von denen 76 in Deutschland und davon ungefähr 50 in Bayern vorkommen.

Die Baumpersönlichkeiten, die ich für dieses Buch besucht habe, gehören zu 19 verschiedenen Baumarten.

Vielfältiger Wald in der Oberpfalz am Loosberg zwischen Kaltenbrunn und Thansüß: Fichte, Sandbirke, Buche, Amerikanische Roteiche, Robinie, Winterlinde und im Hintergrund Waldkiefern auf einem Bild.

BIRKENGESCHWISTER

Wenn es Bäume gibt, die die Blicke auf sich ziehen, auch ohne dass sie besonders alt und monumental aussehen, dann sind es die schlanken Birken mit ihren unverwechselbaren weißen Stämmen. Aber wussten Sie, dass in der Oberpfalz zwei verschiedene Birkenarten wachsen? Die elegante Sandbirke und die etwas sperriger aussehende Moorbirke. Am schnellsten ist der Unterschied an der Krone zu sehen. Die äußeren Bereiche junger Äste der Sandbirke hängen elegant schwingend fast senkrecht nach unten. Deshalb heißt die Sandbirke auch Hängebirke. Bei der Moorbirke ist das nie der Fall, aber genug der Theorie. Das muss man einfach sehen. Hier tun uns Moorbirke im Vordergrund und Sandbirke im Hintergrund den Gefallen, so nahe beieinander zu stehen, dass sie auf ein Foto passen.

Die männlichen Kätzchen der Birke – die Pollen werden durch den Wind zu den weiblichen Blüten transportiert und machen Allergikern das Leben schwer! Daneben die reifen weiblichen Blütenstände, aus denen die kleinen geflügelten Nüsschen in großer Menge abgegeben werden.

Sandbirke (Betula pendula)

Wohl einer der elegantesten Laubbäume, schlank und bis 30 Meter hoch mit lang hängenden Zweigen.

Rinde: charakteristisch weiß mit großen schwarzen Rauten, am Stammfuß älterer Bäume tief gefurcht

Belaubung: dunkle Triebe, durch kleine weiße Warzen rau (wie Sand!); glänzende Blätter, fast dreieckig, 3 bis 7 Zentimeter groß

Blüte: männliche Blüten in 10 Zentimeter langen, hängenden Kätzchen, schon im Winter sichtbar; weibliche Blüten in kurzen, hängenden und gekrümmten Kätzchen

Frucht: winzige, 3 Millimeter lange geflügelte Nuss

Standort: anspruchslose Pionierpflanze auf allen nicht zu trockenen Böden, sehr flaches, dichtes Wurzelwerk

Moorbirke (Betula pubescens)

Der Sandbirke sehr ähnlicher, meist etwas kleinerer, bis 25 Meter hoher Baum, der durch die abstehenden Äste weniger elegant und manchmal etwas zerrupft wirkt.

Rinde: weiß, aber doch eher grau-weiß, nie mit den tiefen Rauten der Sandbirke

Belaubung: Triebe samtig weich; Blätter weniger dreieckig, deutlich rundlich

Blüte: männliche Blüten in 8 Zentimeter langen, hängenden Kätzchen, können überwintern; weibliche Kätzchen unauffällig, bei der Reife hängend

Frucht: kleine geflügelte Nuss, ähnlich Sandbirke

Standort: anspruchslos hinsichtlich der Bodenqualität, benötigt viel Feuchtigkeit und besiedelt auch vernässte Böden und Moore

Blatt eines Feldahorns

Oben das Blatt des Spitzahorns,
unten der Bergahorn

OBERPFÄLZER AHÖRNER

Bergahorn, Spitzahorn und Feldahorn; so heißen die drei Ahornarten. Von allen segeln im Herbst die geflügelten Samen: die „Nasenzwicker". Und leicht lässt sich das Trio an den Blättern unterscheiden. Runde Lappen und spitze Buchten hat der Bergahorn – beim viel häufiger vorkommenden Spitzahorn ist es genau umgekehrt: spitze Lappen und runde Buchten.

Die fünflappigen Blätter des Feldahorns sind wie der ganze Baum deutlich kleiner. Und obwohl der Feldahorn häufig nur Strauchgröße erreicht oder als Heckenpflanze klein gehalten wird, kann er ausnahmsweise zu einem einem imposanten Baum heranwachsen. Wie zum Beispiel der alte als Naturdenkmal ausgewiesene Feldahorn am Ammerbach zwischen Amberg und Lengenloh auf Seite 11 gegenüber.

Steckbrief Feldahorn (*Acer campestre*)

In Ausnahmefällen wächst der Feldahorn zu einem bis zu 20 Meter hohen Baum heran. Oft findet man ihn in Wildhecken als 10 bis 15 Meter hohen mehrstämmigen Strauch.

Rinde: graubraun, oft durch Längs- und Querrisse fast rechteckig gefeldert

Belaubung: Triebe oft mit auffallenden flügelartigen Korkleisten, fünflappige Blätter bis 10 Zentimeter breit und leicht gewellt

Blüte: kleine grünliche Blüten zu 10 bis 20 in Rispen, sehr versteckt zwischen den gleichzeitig austreibenden Blättern

Frucht: geflügelte Früchte 3 Zentimeter lang, stehen im 180°-Winkel zueinander, ungefähr halb so groß wie beim Spitzahorn

Standort: gedeiht auf kalkhaltigen nährstoffreichen Böden, oft an Waldrändern oder Feldrainen, benötigt mehr Sommerwärme als Berg- und Spitzahorn

Steckbrief Bergahorn (Acer pseudoplatanus)

Der bis zu 30 Meter hohe Bergahorn ist die größte Ahornart der Welt. Unter optimalen Bedingungen wird seine riesige Krone breiter als hoch. Kein anderer Ahorn erreicht ein höheres Alter: 500 Jahre sind belegt.

Rinde: nur an ganz jungen Bäumen glatt und grau, später rosabraun, felderartig zerbrechend und grob abschuppend

Belaubung: Knospen grünlich; Blätter fünflappig, sehr dunkelgrün an der Oberseite, bis zu 20 Zentimeter breit, aber in der Größe variabel, die Blatt-ränder ungleichmäßig und grob gezähnt

Blüte: Blüten gelblich, in hängenden Trauben, erscheinen im April zusammen mit den Blättern

Frucht: Teilfrüchte ähnlich groß wie beim Spitzahorn, aber oft im spitzen Winkel zueinander stehend

Standort: anspruchsvolle Halbschattenbaumart der feuchten Schluchtwälder, benötigt humusreiche frische Böden, steigt auf über 1600 Meter Höhe. Die wahren Riesen stehen in den Alpen, bei uns als Straßen- und Parkbaum oft ein Schatten seiner selbst.

Die Früchte des Spitzahorn mit ihrer großen Flughaut kurz vor der Reife

Steckbrief Spitzahorn (Acer platanoides)

Weit verbreiteter, maximal 25 Meter hoher Baum mit hoch gewölbter, sehr dichter Krone, die oft auf einem kurzen Stamm ansetzt.

Rinde: grau, manchmal fast schwarz wirkend, auch im Alter fein faltig und kaum abschuppend

Belaubung: Triebe rötlichbraun mit eiförmiger rotbrauner Endknospe; Blätter bis zu 20 Zentimeter breit, mit 5 deutlich zugespitzten Lappen

Blüte: Blüten erscheinen stets vor den Blättern, oft bereits Ende März, gelblichgrün, immer 30 bis 40 in einer Dolde zusammen

Frucht: geflügelte Früchte, 4–5 Zentimeter lange Teilfrüchte, stehen sich in einem Winkel von fast 180 Grad gegenüber

Standort: gern auf tiefgründigen Böden, die genug Wasser führen, aber insgesamt weniger anspruchsvoll als der Bergahorn

ABER NICHT EBERESCHEN

Nein, Ebereschen oder Vogelbeerbäume finden sich nicht im Büchlein. Eschen und Ebereschen – beider Blätter sind gefiedert, aber doch sind die Blätter der echten Esche genau wie die ganzen Bäume viel größer. Wer nach eingehender Betrachtung der Blätter immer noch unsicher ist: Nur die echte Esche hat tief dunkle, fast schwarze Knospen in Herbst und Winter und trägt wirklich NIE rot-orange Beeren. Übrigens hatten auch die Menschen im Mittelalter schon so ihre Unterscheidungsschwierigkeiten und nannten deshalb die Vogelbeere auch Eberesche, was so viel heißt wie „Falsche Esche".

Links die filigrane Eberesche, rechts oben die Esche. Nicht nur im Winter fallen ihre schwarzen Knospen auf.

Gemeine Esche (Fraxinus excelsior)

Ausnahmsweise bis 45 Meter Höhe erreichender, eher schlanker Baum mit hoher offener Krone und steil ansteigenden Ästen, die im spitzen Winkel vom langen Stamm abgehen.

Rinde: an jungen Bäumen hellgrau und ganz glatt, später mit breiten Furchen und Leisten

Belaubung: dicke graugrüne Triebe mit fast schwarzen Knospen; gefiederte Blätter sind 20 bis 30 Zentimeter lang, zusammengesetzt aus 9 bis 13 Blättchen

Blüte: vom Wind bestäubte unscheinbare Blüten

Frucht: geflügelte Früchte erreichen eine Länge von 4 Zentimetern

Standort: anspruchsvoll, liebt feuchte, lockere und fruchtbare Böden, sehr lichtbedürftig

Eine Allee gewaltiger Eschen führt zum Kloster Speinshart.
49.784819, 11.820371

Die geflügelten Nussfrüchte der Esche im Winter. Sie fallen nacheinander während des Winters ab.

Die fast reifen Früchte der Feldulme mit rundlicher Flughaut, wie sie alle Ulmenarten haben.

ULMENRARITÄTEN

Feldulme, Flatterulme und die riesige Bergulme. So heißen unsere drei Oberpfälzer Ulmenarten. Und alle einheimischen Ulmenarten sind mittlerweile so selten geworden, dass ich hier nur die Bergulme zeige. Wie alle Ulmen erkennt man sie sofort an der sehr schiefen Blattbasis. Kein anderes Laubblatt ist ähnlich asymmetrisch gebaut.

Feldulme (Ulmus minor)
Flatterulme (Ulmus laevis)

Die Feldulme und mehr noch die Flatterulme ist in der Oberpfalz sehr selten. Feldulmen unterscheiden sich durch ihre glatten, oberseits stark glänzenden Blätter von Bergulmen. Ältere Flatterulmen erkennt man leicht an ihren vielen Wasserreisern am Stamm – wenn man denn eine findet.

Bergulme

Die glänzenden Blätter der Feldulme

Flatterulme

Steckbrief Bergulme (Ulmus glabra)

Bergulmen werden bis zu 40 Meter hoch und besitzen im Alter eine hohe malerische und oft mehrfach gewölbte Krone.

Rinde: mattgrau, lange Zeit ganz glatt, erst später mit feinen schwarzen Rissen und einem Netzwerk grauer Leisten

Belaubung: Triebe dunkel, rotbraun mit eiförmigen braunen Knospen; 15 Zentimeter lange Blätter mit sehr schiefer Blattbasis, an der Oberseite sehr rau

Blüte: unscheinbare purpurrote Blüten in Büscheln, erscheinen lang vor dem Laubaustrieb, oft schon Anfang März

Frucht: kleine rundum geflügelte Nüsschen, lange Zeit hellgrün, vor dem Fall im Juni braun werdend

Standort: in schattigen Wäldern auf besten Böden, anspruchsvoll, benötigt hohe Luftfeuchtigkeit, um gut zu gedeihen

DER LAUBBAUM SCHLECHTHIN

Kein Laubbaum ist in den Oberpfälzer Wäldern häufiger als die Rotbuche. Und obwohl ich für dieses Buch gewaltige, jahrhundertealte Riesenbuchen besucht habe, darf das nicht darüber hinwegtäuschen, dass hohes Alter für Buchen die Ausnahme ist. Meist erreichen sie kaum mehr als 150 Lebensjahre. Bis dahin entwickelt die Rotbuche im Freistand ausladende Kronen. Tiefer Schatten herrscht dann unter ihnen. Verwechseln wird man die Buche kaum: massive Stämme mit silbergrauer glatter Rinde und wie gebügelt aussehende dunkelgrüne Blätter.

Reife Buchecker

Rotbuchenblätter im Austrieb

Das hat kein anderer Laubbaum. Übrigens gibt es bei uns nur eine Buchenart. Die Weißbuche ist botanisch gesehen gar keine Buche, sondern eine nahe Verwandte der Birken. Ihre Blätter sehen aus wie ungebügelte Rotbuchenblätter mit kleinen Zähnchen an den Blatträndern.

Eines haben die bisher genannten Bäume gemeinsam: Sie können alt werden. Aber obwohl sie alt werden können, werden sie nicht unbedingt sehr alt. Meist nicht älter als 150 bis 200 Jahre. Aber es sind gerade die richtig alten Bäume, die ich ganz besonders faszinierend finde. Und davon gibt es in der Oberpfalz überraschend viele. Vorsichtig geschätzt wachsen im baumreichen Regierungsbezirk ungefähr 500.000 Bäume, die älter als 200 Jahre sind!

In dieser Liga spielen allerdings nur wenige Baumarten: Sommerlinde, Winterlinde und Stieleiche machen das fast schon unter sich aus.

Steckbrief Rotbuche (Fagus sylvatica)

Bis 30 Meter hoher, im Freistand genauso breiter Baum mit riesiger Kuppelkrone und starken Ästen, die bis zum Boden hängen. Im Wald langschäftig mit schmaler Krone.

Rinde: silbergrau, auch im Alter glatt

Belaubung: Triebe mattbraun mit dünnen lang zugespitzten Knospen, Blätter elliptisch mit leicht welligem Rand, glänzend grün oberseits

Blüte: männliche Blüten in kugeligen Bündeln, weibliche Blüten zu zweit in filzigen Bechern, beide eher unauffällig, erscheinen zusammen mit den Laubblättern

Frucht: Bucheckern dreikantig, in einem weit aufklaffenden bestachelten Becher

Standort: auf fast allen nicht zu trockenen Böden, vor allem auf Lehm, schattenverträglicher als jede andere einheimische Baumart, gedeiht noch bei weniger als 2 Prozent des vollen Tageslichts

Mächtige Waldbuche bei Mallersricht
49.650061, 12.117044

Reife Früchte der Winterlinde

Sommerlinde

Winterlinde

LINDEN

Vor allem die beiden Lindenchampions stellen die meisten der mehr als 400 Jahre alten ehrwürdigen Baumgreise. Besser gesagt Greisinnen, denn Linden gelten von alters her als weiblich.

Sommer- und Winterlinde sind gar nicht so leicht zu unterscheiden. Am einfachsten ist noch ein Blick auf die Blätter: Die Blätter der Sommerlinde sind deutlich größer als die der Winterlinde und tragen auf der Blattunterseite kleine weiße Achselbärte. Die auffallend kleinen Blätter von Winterlinden besitzen rostrote Achselbärtchen an den Unterseiten. Als kleinen Erfahrungswert gebe ich noch mit, dass die meisten Oberpfälzer Altlinden Sommerlinden sind.

Knapp 200 Jahre alte Lindenallee zum Bergkirchl in Axtheid-Berg bei Vilseck
49.620047, 11.817355

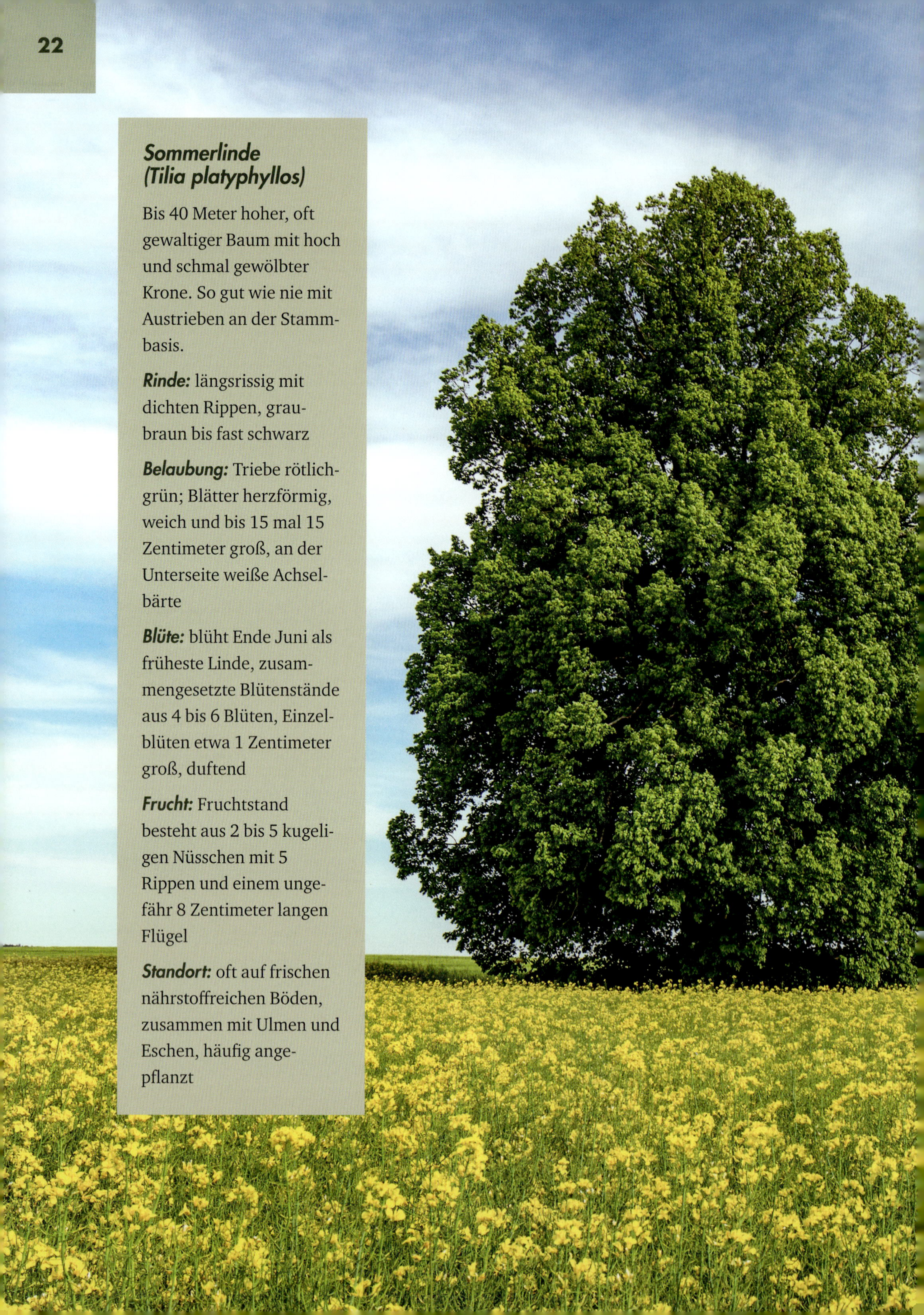

Sommerlinde (Tilia platyphyllos)

Bis 40 Meter hoher, oft gewaltiger Baum mit hoch und schmal gewölbter Krone. So gut wie nie mit Austrieben an der Stammbasis.

Rinde: längsrissig mit dichten Rippen, graubraun bis fast schwarz

Belaubung: Triebe rötlichgrün; Blätter herzförmig, weich und bis 15 mal 15 Zentimeter groß, an der Unterseite weiße Achselbärte

Blüte: blüht Ende Juni als früheste Linde, zusammengesetzte Blütenstände aus 4 bis 6 Blüten, Einzelblüten etwa 1 Zentimeter groß, duftend

Frucht: Fruchtstand besteht aus 2 bis 5 kugeligen Nüsschen mit 5 Rippen und einem ungefähr 8 Zentimeter langen Flügel

Standort: oft auf frischen nährstoffreichen Böden, zusammen mit Ulmen und Eschen, häufig angepflanzt

Winterlinde (Tilia cordata)

Winterlinden werden bis 30 Meter hoch und ähneln in ihrer Kronenform sehr der Sommerlinde, auffällig sind die Knollen am Stamm alter Bäume.

Rinde: grau bis graubraun, an alten Bäumen in flache Platten zerbrechend

Belaubung: Triebe an der Oberseite deutlich rot, Blätter herzförmig, dick, derb und bis 7 mal 7 Zentimeter groß, an der Unterseite oft blaugrün mit rotbraunen Achselbärten

Blüte: blüht rund zwei Wochen nach der Sommerlinde, duftende Blüten zu 5 bis 10 in Büscheln

Frucht: Fruchtstände aus bis zu 10 kugeligen, fast glatten Nüsschen und einem knapp 10 Zentimeter langen Flügel zusammengesetzt

Standort: auf verschiedenen Böden, jedoch nicht auf armen Standorten, bevorzugt geschützte Lagen, seit Jahrhunderten häufig angepflanzt

Oft erkennt man Linden schon aus großer Ferne an ihrer Form. Ihre eiförmigen Kronen wirken gewaltig, dennoch für die Größe zart.

EICHE

Die Stieleiche kann man leicht mit der ähnlichen Traubeneiche verwechseln. Am sichersten erkennt man die Stieleiche daran, dass ihre Eicheln an mindestens 2 cm langen Stielen hängen – sofern der Baum gerade welche trägt und sie ohne Leiter oder Fernglas sichtbar sind. Deshalb sei mir eine Aussage erlaubt, die mir die Förster verzeihen mögen: In der Oberpfalz ist das sicherste Unterscheidungsmerkmal zwischen den beiden Eichenarten, dass es bei uns fast keine Traubeneichen gibt. Auf meinen Oberpfälzer Streifzügen bin ich deshalb auch noch keinen großen Traubeneichen begegnet und frech genug, auf Seite 26 eine imposante Preußin zu zeigen: eine monumentale 33 Meter hohe Traubeneiche an der Spanischen Allee in Berlin.

Wenn wir in unseren Wäldern oder Parks Eichen sehen und es sind keine Stieleichen, dann handelt es sich sehr oft um amerikanische Eichen aus der Roteichengruppe. V.a. um die Ostamerikanische Roteiche. Alle Roteichen erkennt man leicht an ihren spitz endenden Blatträndern. Das sieht ein wenig aus, als hätte man Spitzahorn und Eiche miteinander gekreuzt.

Stieleiche

Stieleiche (Quercus robur)

Ausnahmsweise bis 40 Meter hohe Laubbäume, deren riesige unregelmäßige Kronen so wirken, als hätten die Äste immer wieder leicht ihre Wuchsrichtung geändert. Dadurch erscheinen Eichen oft schon aus der Ferne charaktervoller als Ahorn, Esche oder Linde.

Rinde: hellgrau, tief gefurcht

Belaubung: Trieb grünbraun; Blätter mit kurzem, kaum vorhandenem Stiel, maximal 15 Zentimeter lang, jederseits mit 5 bis 6 Buchten

Blüte: männliche Blüten in schlanken Kätzchen, weibliche Blüten unauffällig an jungen Trieben

Frucht: Eicheln meist zu zweit an 4 bis 8 Zentimeter langen Stielen (Name!)

Standort: am besten auf tiefgründigen feuchten Böden, aber in der Oberpfalz oft zusammen mit der Waldkiefer auf nicht zu trockenen Sandböden

Knapp 200 Jahre alte Stieleiche im Innenhof des Kultur- und Militärmuseums Grafenwöhr
49.720515, 11.903542

Traubeneiche (Quercus petraea)

Sicherstes botanisches Unterscheidungsmerkmal sind die Eicheln, sie stehen bei der Traubeneiche in Gruppen (Trauben!) von bis zu 6 Eicheln zusammen, die einzelnen Eicheln hängen dabei an Stielen, die weniger als 1 Zentimeter lang sind.

Junge Kopfweiden in Weiden beim alten Volksfestplatz.

VIELFÄLTIGE WEIDEN

38 verschiedene Weidenarten wachsen in Deutschland und fast alle davon auch in Bayern. Viele sehen sich zum Verwechseln ähnlich und kreuzen sich zum Teil auch fruchtbar untereinander. Sogar die bekannten zu Kopfweiden geformten Bäume gehören verschiedenen Arten bzw. Arthybriden an.

Gibt es dann überhaupt Merkmale, welche alle Weiden gemeinsam haben? Durchaus: Bei allen Weiden ist jedes Laubblatt um genau 144 Grad gegenüber dem vorherigen gedreht, sodass jedes fünfte Blatt in die gleiche Richtung wie das erste schaut. Blickt man also von vorne auf einen Trieb, so sind die Blätter wie bei einer Wendeltreppe mit ⅖ Drehung angeordnet.

Sofern beim Spaziergang das Geodreieck zu Hause geblieben ist, orientiert man sich vielleicht besser an den sehr verschiedenartigen, aber stets auffallenden Kätzchen, an denen im Frühling alle Weiden leicht zu erkennen sind. Und wächst der Baum obendrein in Gewässernähe und hat schmale lanzettförmige Blätter, ist es keine schlechte Idee, schon mal auf Weide zu tippen.

UND DIE NADELBÄUME?

Leicht sind ausgewachsene Waldkiefern schon aus der Ferne an der rötlichen Rinde im oberen Teil ihres Stammes zu erkennen. Oder aus der Nähe an ihren blaugrünen langen Nadeln, die immer paarweise an den Zweiglein stehen. Meist reicht sogar ein Blick unter den Baum – der Boden unter älteren Kiefern ist übersät mit kugeligen Zapfen, den „Butzelköi". Waldkiefern können sehr verschieden wirken: malerisch und breitkronig im Freistand und hoch und schlank im Wald.

Kiefernzapfen

Waldkiefer (Pinus silvestris)

Knapp 40 Meter Höhe erreichen unsere Waldkiefern nur im dichten Bestand auf besten Böden. Ihre Kronen sind sehr variabel, aber im Alter stets ausgesprochen flachkronig und unregelmäßig.

Rinde: im Kronenbereich mit orangeroter, papierartig dünner Rinde, unterer Stammteil mit dicker längsgefurchter grau- bis rotbrauner Plattenborke

Belaubung: steife blaugrüne Nadeln immer paarweise an Kurztrieben, 3 bis 8 Zentimeter lang

Blüte: männliche Blüten an jungen Trieben, nur rund 6 Millimeter lang, sehr zahlreich, die gelben Pollen werden in Massen vom Wind verteilt (Schwefelregen); weibliche rote Blüten an jungen Triebspitzen

Zapfen: 5 bis 8 Zentimeter lang, reifen und verholzen erst im Folgejahr

Standort: anspruchslos gegenüber Trockenheit, Nässe und Winterkälte, kann sich nur auf ärmeren Standorten dauerhaft gegenüber anderen Baumarten behaupten

Malerische Kiefer bei Parkstein
49.731792, 12.067905

DIE EWIGE VERWECHSLUNG

Die Tanne hat es nicht leicht, immer wieder wird sie mit der Fichte verwechselt. Sogar ihren Namen muss sie oft missverständlich hergeben. Sind doch die „Tannenzapfen" auf dem Waldboden stets Fichtenzapfen. Reife Zapfen der Tanne zerfallen bereits am Baum in einzelne Schuppen und rieseln folglich in Einzelteilen herab. Bis dahin stehen Tannenzapfen aufrecht wie Weihnachtskerzen an den Zweigen, während die Fichtenzapfen herabhängen.

Weißtanne (Abies alba)

Maximal 50 Meter hohe Bäume mit schmal kegelförmiger Krone. Zweige fast fischgrätenartig angeordnet, bei alten Tannen fällt der abgeflachte Gipfel auf, die sogenannte Storchennestkrone.

Rinde: stumpf grau, nie rötlich, im Alter in kleine Felder zerbrechend

Belaubung: Triebe stumpf oder glänzend grau; Nadeln unterschiedlich lang, bis 2 Zentimeter, in mehreren Lagen, oben tiefgrün und glänzend, unten mit zwei auffallenden weißen Bändern

Blüte: nur in Gipfelnähe; männliche Blüten: 2 Zentimeter lange gelbliche Walzen an der Triebunterseite; weibliche Blüten: 3 Zentimeter lange und 1 Zentimeter breite Zylinder an der Trieboberseite

Zapfen: bis zu 15 Zentimeter groß, rotbraun, senkrecht stehend und bei der Reife zerfallend

Standort: anspuchsvoll, benötigt nährstoffreiche Böden, stellt hohe Anforderungen an die Bodenfeuchtigkeit und ist in kalten Lagen durch Spätfrost gefährdet

Tannenzapfen

Fichtenzapfen

Die „Sechsmännertanne" im Hessenreuther Wald gehört mit einem Stammumfang von über 4,30 Metern zu den zehn dicksten Weißtannen Bayerns!

49.809200, 12.016506

Aber auch ohne Zapfen braucht niemand Tannen und Fichten zu verwechseln: Die Nadeln der Tanne sind, im Gegensatz zu denen der Fichte, glänzend dunkelgrün, flach und haben auf der Unterseite zwei helle, deutlich sichtbare Streifen.

In der ersten Auflage hatte ich es angekündigt: Sollte ich von meinen Leserinnen und Lesern Hinweise auf besondere Fichten erhalten, so würde ich der Rottanne, wie die Gemeine Fichte auch genannt wird, einen Ehrenplatz in der Neuauflage sichern.

Um es kurz zu machen, ich durfte seitdem mehr herausragende Fichten kennenlernen als im Buch Platz finden können. Danke an dieser Stelle!

EINE LANZE FÜR DEN BROTBAUM IN NOT

Die 90 Milliarden Fichten in den deutschen Wäldern haben ernste Probleme: Von allen einheimischen Baumarten trifft die globale Erwärmung die Fichte am stärksten.

Dabei haben Fichtenwälder ohnehin keinen guten Ruf, auch nicht in der Oberpfalz: Sie werden gleichgesetzt mit Stangenholz, versauerten Waldböden und düsteren Monokulturen, welche Borkenkäfern oder Stürmen wenig entgegenzusetzen haben. Schnell vergessen wir dabei, dass sogar die geschmähten künstlichen Fichtenanpflanzungen ihr ganz eigenes Verdienst in unserer Waldgeschichte haben, denn früher war beileibe nicht alles besser, schon gar nicht in den hiesigen Wäldern.

Ein Waldspaziergang vor 200 Jahren hätte uns schockiert: Jahrhundertelanger

Die Sechs-Gipfel-Fichte im Waldnaabtaal, nicht weit von der Blockhütte. Ihre knorrige Gestalt ist wahrscheinlich das Ergebnis von lange zurückliegendem Wildverbiss.
49.830756, 12.190789

Raubbau für Köhlerei und Eisenproduktion sowie landwirtschaftliche Streunutzung hatten die Oberpfälzer Wälder fast ausgelöscht und verwüstete Waldböden hinterlassen. Alte Quellen beklagen, dass sich auf den ausgemergelten Böden häufig nur noch krüppelwüchsige Kiefern finden ließen – ungeeignet als Bau- und Konstruktionsholz.

So konnte es nicht weitergehen: 1789 wurde das Forstwesen in Bayern neu geordnet und es wurden erstmals Maßnahmen zur Bodenverbesserung beschlossen. Damit schlug die Stunde des robusten Gebirgsbaums! In ihrer Anspruchslosigkeit gegenüber armen Böden waren Fichten DIE Bäume, mit denen die geplünderten Waldflächen wieder aufgeforstet werden konnten. Mit Ausgang des 19. Jahrhunderts hatte die Holznot ein Ende.

Dankbar nannten die Menschen die schnellwüchsige Fichte ihren Brotbaum.

Heute vertreiben trockene Sommer und der Borkenkäfer die Fichte wieder aus den standortfernen Anpflanzungen – still zieht sie sich in ihre eigentliche Heimat, die Höhenlagen der Berge, zurück.

Und auch wenn die Zeit der Fichtenwälder im Flachland unaufhaltsam zu Ende geht, finden wir hoffentlich dort, wo die Luft etwas kühler ist und die Böden genug Wasser führen, auch in Zukunft gewaltige und gesunde Fichten mit Höhen über 40 Metern und Stämmen, die vier Meter Umfang erreichen.

Einige besondere Fichten möchte ich hier vorstellen.

Douglasie (Pseudotsuga menziesii)

Douglasien sind gewaltige Nadelbäume mit kegelförmigem Wuchs, die in Mitteleuropa bislang über 50 Meter Höhe erreichen, an der Westküste der USA sogar über 80 Meter hoch werden.

Rinde: unverwechselbare, bis 25 Zentimeter dicke, tief gefurchte purpurbraune Borke

Belaubung: Triebe mit spindelförmigen Knospen, ähnlich Buchenknospen; maximal 2 Zentimeter lange, weiche frischgrüne Nadeln mit zwei schmalen silbergrauen Streifen unterseits

Blüte: männliche Blüten wie kleine rötliche Knospen; weibliche Blüten seitlich an den Triebspitzen wie kleine (oft rötliche) Zapfen

Zapfen: 5 bis 10 Zentimeter lang und hängend wie bei der Fichte, sogenannte Deckschuppen, ragen weit zwischen den anderen Zapfenschuppen hervor und lassen die kleinen Zapfen fransig erscheinen

Standort: bevorzugt nährstoffreiche Lehmböden, liegt in ihren Ansprüchen an die Bodenfeuchtigkeit zwischen Waldkiefer und Fichte

Douglasienzapfen

UND DIE EXOTEN?

Ob Hausgarten oder alter Park – es gibt auch in der Oberpfalz sicher mehr eingeführte Baumarten als einheimische. So stelle ich im Buch auch einige Baumpersönlichkeiten mit Migrationshintergrund vor: einige riesenhafte Douglasien, urige Robinien und eine alte ungarische Baumhasel, alles Baumarten, denen wir in Zeiten des Klimawandels noch öfter begegnen werden.

Eine romantische Rosskastanienallee begleitet den Kreuzweg auf dem Barbaraberg.
49.792563, 11.847613

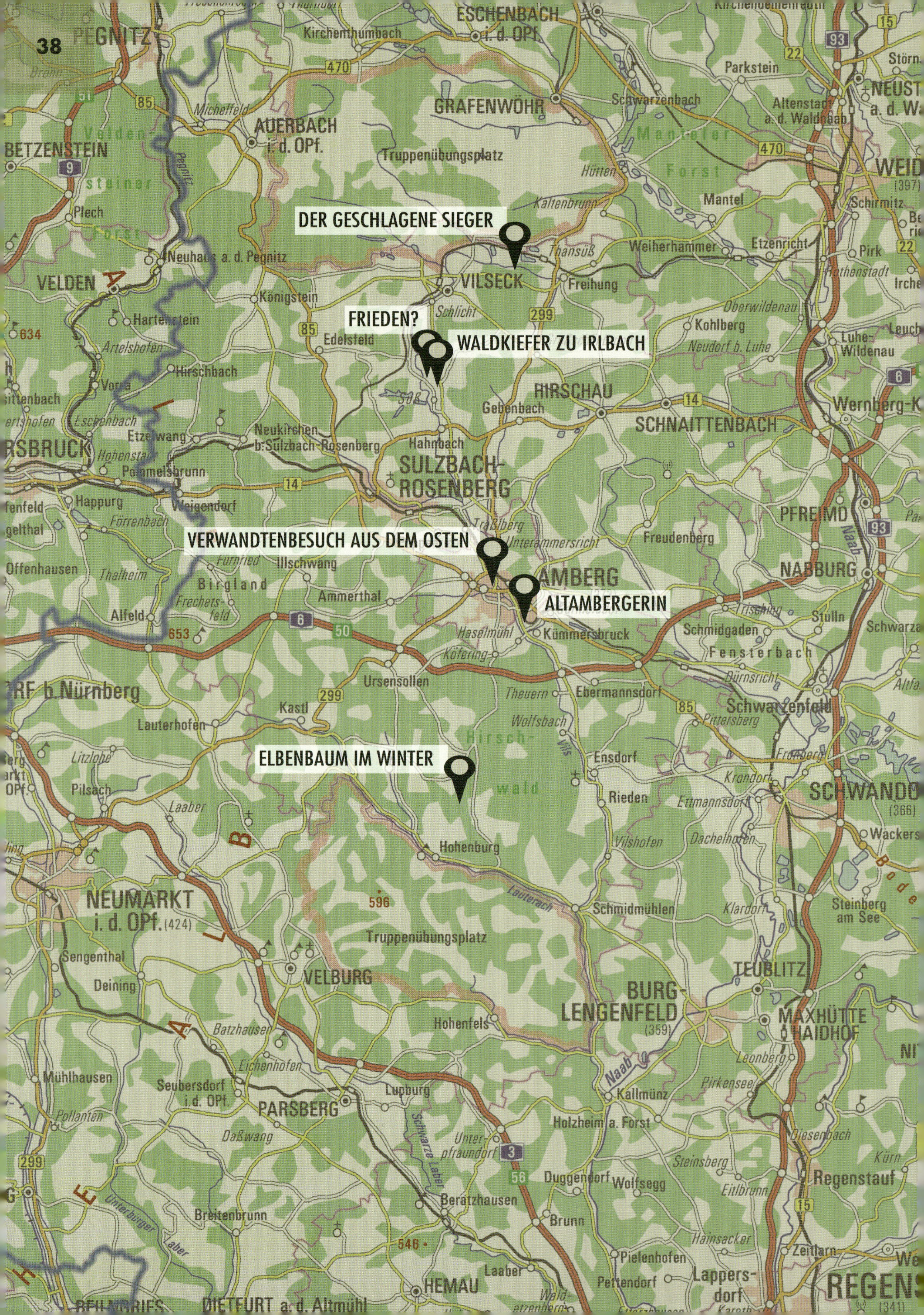
DER GESCHLAGENE SIEGER
FRIEDEN?
WALDKIEFER ZU IRLBACH
VERWANDTENBESUCH AUS DEM OSTEN
ALTAMBERGERIN
ELBENBAUM IM WINTER
PEGNITZ
ESCHENBACH i. d. OPf.
GRAFENWÖHR
AUERBACH i. d. OPf.
BETZENSTEIN
Truppenübungsplatz
VILSECK
VELDEN
HIRSCHAU
SCHNAITTENBACH
SULZBACH-ROSENBERG
PFREIMD
AMBERG
NABBURG
Schwarzenfeld
SCHWANDO
NEUMARKT i. d. OPf. (424)
VELBURG
Truppenübungsplatz
TEUBLITZ
BURG-LENGENFELD (359)
MAXHÜTTE HAIDHOF
PARSBERG
Regenstauf
HEMAU
DIETFURT a. d. Altmühl
REGEN

LANDKREIS AMBERG-SULZBACH UND STADT AMBERG

ALTAMBERGERIN

Die älteste Ambergerin hat einen Umfang von über vier Metern und verschweigt uns selbstverständlich ihr genaues Alter. Ganz wie es sich für eine Dame – Linden werden seit der Antike als weiblich betrachtet – gehört. Doch einige verräterische Spuren hat die ehrwürdige Linde mit der ausladenden Krone doch in Zeit und Raum hinterlassen. Im Urkataster von 1853 wird sie bereits als markanter Baum erwähnt.

Überhaupt steht die Sommerlinde an einem sehr geschichtsträchtigen Platz. Mir ist sofort der wie aufgeschüttet wirkende Hügel aufgefallen, auf dessen höchstem Punkt die Linde wächst. Der „Schanzhübl", wie die Anhöhe heißt, war nicht immer ein so friedlicher Ort wie heute. Chronisten berichten, die „Landschranne", wie der Platz früher auch genannt wurde, sei in den Kriegen des 16. Jahrhunderts umkämpft und gehalten worden und habe später als Gerichtsstätte gedient. Die Geschichte des merkwürdigen Ortes beginnt sogar noch viel früher. Vor über 600 Jahren stand eine Burg auf dem „Schanzhübl". Die pyramidenstumpfartige Form des Hügels ist die letzte Erinnerung an das längst vergangene Bauwerk. Und obwohl ich weiß, wie abgedroschen die folgende Frage für manche sein mag, kann ich hier nicht anders: Was dieser alte Baum wohl alles erzählen könnte? Wer den „Schanzhübl" besucht und die mystische Atmosphäre unter der Lindenkrone spürt, wird hoffentlich nachsichtig mit mir sein.

49.433978, 11.870640

VERWANDTENBESUCH AUS DEM OSTEN

Ja, verglichen mit manch ehrwürdiger Eiche erscheint dieser alte Baum fast schon dünn. Aber das ist eben nur eine Frage der Perspektive. Verglichen mit einem Haselstrauch ist der gleiche Baum geradezu gewaltig. Warum gerade mit einer Hasel vergleichen? Spätestens wenn man im Herbst Mengen kleiner Haselnüsse im Rasen unter der ausladenden Krone findet, ist klar, dass es sich hier tatsächlich um eine Hasel handelt.

Die Baumhasel im Schlosshof in Amberg ist aufgrund ihrer Größe und Seltenheit sogar seit 2006 ein Naturdenkmal. Groß und elegant wirkt sie in ihrer beginnenden Herbstfärbung.

Baumhaseln sind ursprünglich in Südosteuropa heimisch und mögen es deshalb etwas wärmer als es bei uns meist ist. Da die auch Türkische Nuss genannten Bäume aber insgesamt recht unempfindlich sind und vor allem trockene Sommer gut aushalten, werden sie zunehmend als Straßenbäume gepflanzt. Kein Wunder, dass sie als Klimawandelgehölze gerade hoch im Kurs stehen.

Den empfindlichen Nasen von Allergikern dürfte das wenig behagen: Die Pollen der Baumhasel sind genauso allergen wie die unserer einheimischen Haselnuss und fliegen obendrein von einer 20 Meter hohen Baumkrone aus noch viel weiter.

49.443131, 11.856536

ELBENBAUM IM WINTER

Ich gebe zu, Buchen haben seit frühester Kindheit eine starke Anziehungskraft auf mich: ihre silbrig grauen Stämme, die schlichten und so appetitlich glänzenden dunkelgrünen Blätter und v. a. ihr Wuchs. Auch alte Buchen bewahren sich bei aller Schwere immer eine gewisse Eleganz. Das hat sich wohl auch der Schriftsteller J.R.R. Tolkien gedacht und gestaltete die Mallorn-Bäume im Roman „Der Herr der Ringe“ nach dem Vorbild außergewöhnlicher Buchen. Und so denke auch ich sofort an die Wälder der Elben, als ich an einem strahlend kalten Februartag die riesige Buche bei Ursensollen zum ersten Mal sehe.

Das idyllische Winterbild sollte uns aber nicht täuschen: Gefrorene Böden, eisige Winde und schweren Schnee müssen die Bäume monatelang aushalten.

Es ist beachtlich, was ein Baum leistet, wenn er sich im Herbst konsequent einwintert: Das Laub wird abgeworfen, um dem Schnee weniger Angriffsfläche zu bieten, und bedeckt als natürliche

49.332778, 11.799250

Isolierung den Wurzelbereich. Die wasserführenden Bahnen im Stamm und in den Ästen werden ähnlich wie Gartenwasserleitungen abgelassen, damit sie bei Frost nicht platzen. Die größte Herausforderung sind aber die vielen lebenden Zellen in Rinde und Knospen, die man nicht einfach trocken legen kann. Die geniale Lösung besteht im konsequenten Einsatz des Frostschutzmittels Zucker im Zellsaft. Sehr zur Freude der Rehe im Wald: Für sie sind die süßen winterfest gemachten Knospen ein Leckerbissen.

Übrigens fehlt Bäumen aus südlichen Gefilden dieser eingebaute Frostschutz, so dass ihr Zellsaft bei Minustemperaturen gefriert. Schwere Frostschäden bis hin zum Tod der Pflanze sind die Folge. Aus diesem Grund wachsen auch mehr Buchen als Kokospalmen in unseren Wäldern.

Elbenbaum im Winter
bei Ursensollen

FRIEDEN?

An mehreren Orten findet man Friedenslinden oder noch häufiger Friedenseichen, gepflanzt 1871. Ehrlich gesagt machen sie mich etwas traurig und nachdenklich. 1871 – in diesem Jahr geht der Deutsch-Französische Krieg zu Ende. Der kurze Krieg führte zur Gründung des Deutschen Kaiserreichs im Spiegelsaal von Schloss Versailles. Eine Demütigung für das unterlegene Frankreich. Keine 50 Jahre später wird der 1. Weltkrieg entfesselt und endet mit dem für Deutschland harten Frieden von Versailles. Frankreich begleicht jetzt die Rechnung. Demütigung folgt auf Demütigung. Und die Saat von Hass und Gewalt geht weiter auf. Was dann kommt, wissen wir. Am 1.9.1939 werden Europa und die Welt von einem größenwahnsinnigen Diktator endgültig ins Chaos gestürzt.

49.561620, 11.789870

Sicher ist meine Sicht auf die Geschichte stark verkürzt, aber ganz kann ich die rund 150 Jahre alten Friedenseichen nicht von dem trennen, was danach kam. Ich finde, man hat die stolzen Eichen damals missbraucht.

Die Irlbacher Eichenzwillinge sind da eine berührende Ausnahme: zwar 1871 gepflanzt, aber ausdrücklich nicht um den Sieg über Frankreich zu feiern, sondern für die gesunde Rückkehr zweier Irlbacher aus dem Krieg: eine Geste der Dankbarkeit für das Leben.

49.562907, 11.792898

WALDKIEFER ZU IRLBACH

Eine breitkronige, schön gewachsene Waldkiefer bei Irlbach in der Nähe von Hahnbach – Wind und Wetter ausgesetzt, ohne Schutz durch Wald oder Sträucher. Doch gerade Kiefern kommen damit gut zurecht.

Auch Schnee und Eis machen ihnen wenig aus. Schließlich wachsen ihre Artgenossen auch noch im tiefsten Sibirien und hoch im Norden Schwedens und Norwegens. Nur wenn die Wintertemperaturen unter –40 Grad Celsius sinken, wird es auch unserer Waldkiefer zu kalt und sie überlässt das Feld anderen, wie zum Beispiel der Sibirischen Lärche. Diese hält kurze Zeit auch mal –70 Grad Celsius aus und erträgt sogar einige hundert Meter Permafrostboden unter den Wurzeln. Weniger gut kommt sie mit den Auswirkungen der globalen Erwärmung zurecht. Aber das ist eine andere Geschichte.

Diese wunderschöne Kiefer steht allein auf weiter Flur und ist von Wiesen und Äckern umgeben. Dabei bewahrt dieser Baum seine Geschichten für sich. Warum darf er seit so langer Zeit mitten in den landwirtschaftlichen Flächen stehen bleiben? Großzügig wird sein Wurzelraum bei der Bodenbearbeitung ausgespart, und mit weitem Abstand wird um ihn herumgemäht. In der ungewöhnlich stark verzweigten Krone sind noch morsche Reste eines längst vergangenen Baumhauses zu sehen. Wie alt wohl die Baumeister heute sind? Und nicht zuletzt bleibt die Frage nach dem Alter dieser Kiefer. Wir wissen, dass Waldkiefern wesentlich langsamer an Umfang zunehmen als etwa Linden oder Eichen. Wie diese können sie mehrere Jahrhunderte alt werden. Wie viele? Das weiß man nicht genau. Die berühmte Kiefer hoch oben auf der Mauer von Schloss Auerbach in Südhessen wächst seit 300 Jahren dort. Und in Schottland steht sogar eine Kiefer, die nachweislich 550 Jahre alt ist.

49.624584, 11.869178

DER GESCHLAGENE SIEGER

Die rund 250 Jahre alte Leinschlageiche bei Vilseck steht weithin sichtbar und völlig frei inmitten eines ausgedehnten 120 Hektar großen Naturschutzgebiets. Dort, wo heute seltene Sumpfpflanzen wachsen, der Biber seine Dämme baut und auch mal Kraniche über die weiten Wollgraswiesen stolzieren, wurde einst Lein, also Flachs angebaut. Der Leinanbau in der geologisch interessanten Vilsecker Mulde endete schon vor rund 100 Jahren und der zugehörige verfallene Gutshof wurde Anfang der 70er Jahre abgerissen, nur noch wenige Mauerreste und ein Keller zeugen von dem Gebäudekomplex.

Der aufwendig zu verarbeitende Flachs ist eine der ältesten Kulturpflanzen der Menschheit: Bereits 9500 vor unserer Zeit wurden an iranischen Lagerfeuern Leinsamen gegessen und aus dem 4. Jahrtausend vor Christus stammen die ersten archäologischen Funde von Leinengewebe. Während der ganzen Antike und im Mittelalter war die Flachsverarbeitung ein wichtiger Wirtschaftszweig für Europa. Auf Wolle, Hanf und Flachs beruhte jahrtausendelang fast die gesamte Textilherstellung.

Und die Baumwolle? Die war tatsächlich schon im Mittelalter bekannt, hatte aber den entscheidenden Nachteil, dass das Spinnen ausreichend fester Baumwollfäden so kompliziert war, dass Baumwollstoffe, falls man sie überhaupt herstellen konnte, deutlich teurer als Seide waren.

Das änderte sich nachhaltig mit Beginn der Industrialisierung, 1764 wurde in England die erste mechanische Spinnmaschine entwickelt, zuerst mit Muskelkraft, bald darauf mit Dampfmaschinen angetrieben. Nun war es möglich, die sehr kurzen Baumwollfasern in riesigen Mengen kostengünstig zu festen Garnen zu spinnen. In den Südstaaten der USA und überall in der Welt, wo es warm und feucht genug war, entstanden im 19. Jahrhundert riesige Baumwollplantagen. Hanf und Lein konnten nicht mit der billigen und allgegenwärtigen Baumwolle konkurrieren und galten obendrein als etwas angestaubt und altertümlich.

Als die Flachsfelder am Leinschlag begannen, leuchtend blau zu erblühen, hatte Lein seinen Kampf gegen die Baumwolle eigentlich schon verloren, aber es gab in der zweiten Hälfte des 19. Jahrhunderts ein kleines unerwartetes Comeback für den Flachs: 1860 entdeckte der englische Chemiker Walton das Linoleum, den ersten elastischen Bodenbelag der Geschichte. Die großen Mengen an Leinöl, die zur Herstellung benötigt wurden, ließen den Flachsanbau noch einmal aufleben. Aber nur kurze Zeit. Denn bald darauf begann das Plastikzeitalter der erdölbasierten Kunststoffe: 1907 wurde mit dem Bakelit der erste vollsynthetische Kunststoff patentiert, fünf Jahre später das PVC. Lein hatte zum zweiten und vorläufig letzten Mal verloren.

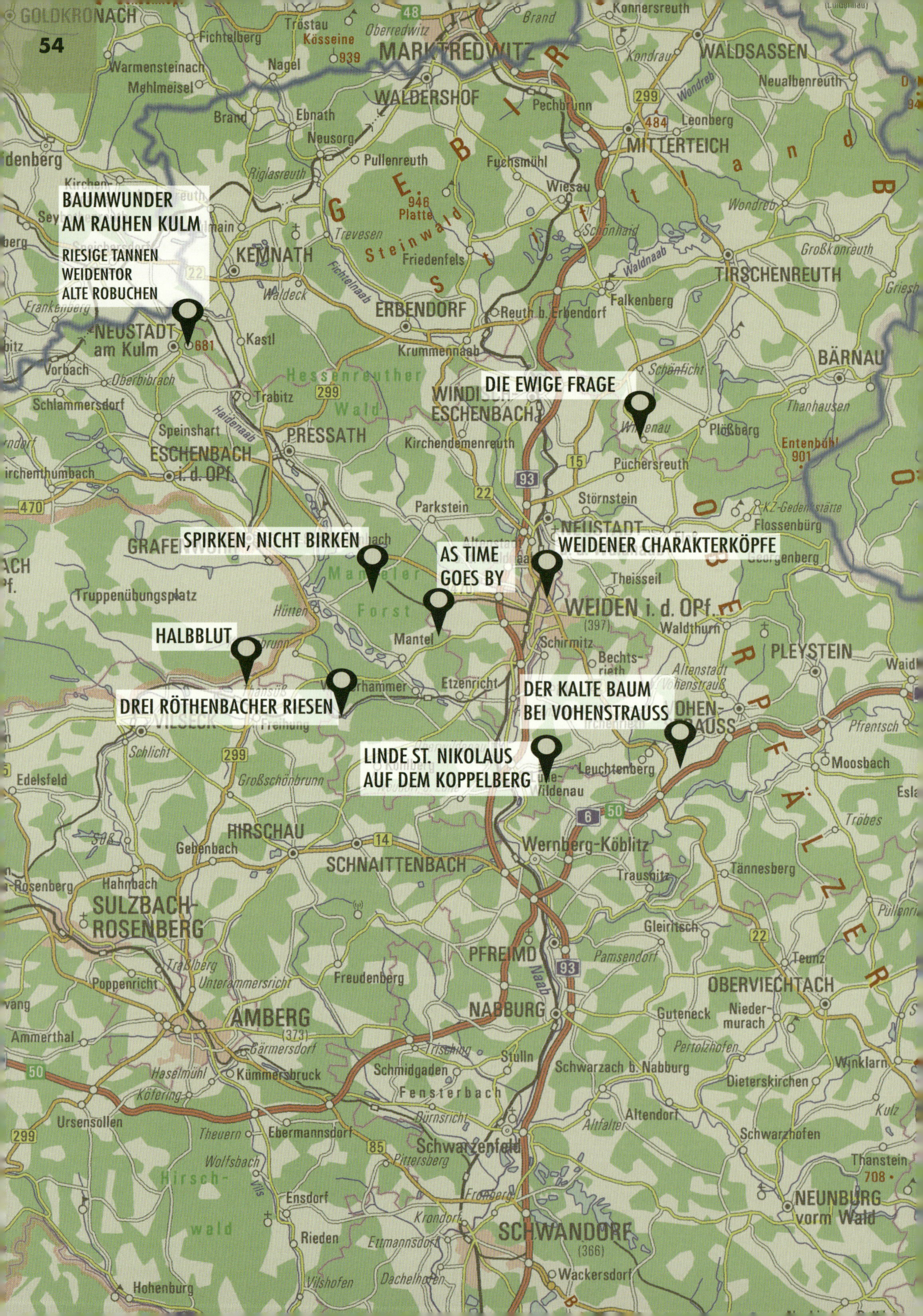
BAUMWUNDER AM RAUHEN KULM
RIESIGE TANNEN
WEIDENTOR
ALTE ROBUCHEN
DIE EWIGE FRAGE
SPIRKEN, NICHT BIRKEN
AS TIME GOES BY
WEIDENER CHARAKTERKÖPFE
HALBBLUT
DREI RÖTHENBACHER RIESEN
DER KALTE BAUM BEI VOHENSTRAUSS
LINDE ST. NIKOLAUS AUF DEM KOPPELBERG
GOLDKRONACH
MARKTREDWITZ
WALDSASSEN
WALDERSHOF
MITTERTEICH
KEMNATH
ERBENDORF
TIRSCHENREUTH
NEUSTADT am Kulm
BÄRNAU
WINDISCH-ESCHENBACH
PRESSATH
ESCHENBACH i. d. OPf.
NEUSTADT
WEIDEN i. d. OPf.
PLEYSTEIN
HIRSCHAU
SCHNAITTENBACH
SULZBACH-ROSENBERG
PFREIMD
OBERVIECHTACH
NABBURG
AMBERG
SCHWANDORF
NEUNBURG vorm Wald
Steinwald
Hessenreuther Wald
Manteler Forst
Truppenübungsplatz
Fichtelgebirge
Stiftland
Oberpfälzer

LANDKREIS NEUSTADT UND STADT WEIDEN

WEIDENER CHARAKTERKÖPFE

49.684525, 12.170676

Ich gebe zu, ich hätte mich beim Fotografieren nie für eine einzige der vielen alten Kopfweiden in Weiden entscheiden können. Untersetzt und massig oder zart, zerbrechlich und von den Jahren gebeugt stehen sie da, teilweise sogar auf Krücken gestützt und nur noch aus wenigen Streifen lebender Rinde bestehend.

Diese Überlebenskünstler werden seit über 100 Jahren als Kopfweiden geschnitten und haben es sogar ins Wappen der Stadt Weiden geschafft. Alle paar Jahre wurden Weidenzweige zur Gewinnung von Weidenruten, Viehfutter oder Stangenholz geschnitten. Die Bäume entwickelten dadurch statt Kronen allmählich grotesk wirkende Köpfe – und blieben länger am Leben als ihre naturbelassenen Artgenossen! Normalerweise erreichen Weiden kaum einmal ein Alter von 100 Jahren. Vorher brechen die Greise unter dem gewaltigen Gewicht ihrer Kronen im Sturm auseinander.

Oder eher die Greisinnen? In der nordischen Mythologie war die Weide der Göttin Iduna geweiht und Symbol unvergänglicher Jugend. Im Mittelalter sollten alte Weiden als Hexenbäume vor allem von Frauen gemieden werden.

Und heute? Vor Weidenbäumen hat niemand mehr Angst und Produkte aus Weidenruten finden sich kaum mehr im Sortiment des Einzelhandels, weder in Weiden noch anderswo. Längst leben die Weidener Kopfweiden im wohlverdienten Ruhestand. Die jahrtausendealte Rollenverteilung hat sich auf versöhnliche Weise verändert: Nicht mehr die Weiden dienen den Menschen, sondern die Menschen kümmern sich um die Weiden, wenden Zeit und Arbeit auf, um den nötigen Schnitt weiterzuführen. Nur so können die knorrigen Gestalten überleben und uns noch lange daran erinnern, wie eng die Geschichte von Weide und Mensch nicht nur über Weidenruten verbunden ist: Zubereitungen aus Weidenrinde sind vielleicht die ältesten Schmerzmittel der Welt. Und Medizingeschichte schrieben die Weiden dementsprechend auch: So wurde im Jahr 1874 die ursprünglich aus Weidenrinde hergestellte Salicylsäure das erste industriell hergestellte Medikament der Menschheitsgeschichte – direkter Vorgänger des heute weltweit bekannten Aspirin.

Beeindruckende Kopfweiden, denke ich mir, während ich die zerklüfteten Charakterköpfe betrachte.

Der Kalte Baum

DER KALTE BAUM BEI VOHENSTRAUSS

49.592940, 12.304605

Dreimal habe ich im vergangenen Jahr den Kalten Baum besucht – wohl der bekannteste alte Baum in der Oberpfalz, eine jahrhundertealte Linde, die seit eh und je der Kalte Baum genannt wird und um die sich allerhand schauerliche Legenden ranken. Legenden, die zu erklären suchen, warum es angeblich immer kalt unter der Linde ist und warum ohne Unterlass der Wind durch die Blätter heult. Vielleicht werde ich irgendwann unter der gewaltigen Krone auch lauschige Temperaturen vorfinden – mich hat bei allen Besuchen der eisige Wind zittern lassen. Zufall? Wer weiß?

Jedenfalls hat Mitte des 19. Jahrhunderts der Heimatdichter von Schenk eine der tragischen Überlieferungen in ein romantisch-trauriges Gedicht gefasst und erklärt uns damit, wie der Kalte Baum zu seinem Namen gekommen ist:

DER KALTE BAUM

Schloss Leuchtenberg gegenüber
Da steht ein alter Baum
Auf einem hohen Berge,
Der heißt der kalte Baum.

Ich ging am Baum vorüber,
Ein Hirt im Schatten saß,
Indes die Herde suchte
Nach spärlich dürrem Gras.

Die Sonne glüht im Scheitel,
Die Luft ist kühl und klar,
Doch weht es in den Zweigen
Und in des Hirten Haar.

Und als ich in den Schatten
Des alten Baumes trat,
Da packt's mich kalt und schaurig,
Wie wenn der Winter naht.

Es rauscht in seinen Ästen
Wie rauer Nordwinds-Sturm,
Und unter ihm ist's frostig,
Dumpf wie im Kerkerturm.

Es heulet durch die Blätter
Wie wilder Wahnsinnslaut,
Und unten scheint die Erde
Von Tränen feucht betaut.

„Warum“ – frug ich den Hirten –
„tobt hier des Sturmes Wut,
Da rings auf Wald und Hügeln
Die tiefste Stille ruht?“

„Seht Ihr das Schloss, das drüben
Auf steilem Felsen hangt?
Jetzt stehn nur öde Trümmer,
Wo Leben einst geprangt.

Es haben dort die Grafen
Von Leuchtenberg gehaust,
Von dort aus oft wie Adler
Die Gaue rings durchsaust.

Und eines Grafen Tochter
Liebt einen Edelknecht,
Der Liebe folgte Sünde,
Die Sünde ward gerächt.

Der Vater riss den Knappen
Aus süßem Liebestraum,
Ließ töten ihn, begraben
Hier unter diesem Baum.

Der Vater warf die Tochter
In jenen finstern Turm,
Allein mit ihrem Jammer,
Bei Kälte, Nacht und Sturm.

Und als der nächste Morgen
Rot angebrochen kaum,
Schwang sie sich auf zum Fenster
Und sah nach diesem Baum.

Und rief: „Verflucht auf ewig
Sei, Baum, dein Blätterdach,
Weil unter dir mein Vater
Den Liebsten mir erstach!

Wenn all die andern Bäume
In Sonnenwärme ruh'n,
Kalt sollst du ewig bleiben
Wie mein Geliebter nun!

In dir soll immer schauern
Das Grauen einer Gruft,
Kalt sollst du ewig bleiben
Wie meines Kerkers Luft!

In dir soll's immer sausen
So stürmisch wie mein Schmerz,
Kalt sollst du ewig bleiben
Wie meines Vaters Herz!“

So fluchte diesem Baume
Das Fräulein Tag für Tag,
Bis endlich sie des Kerkers,
Des Herzens Qual erlag.

Und seitdem weht's hier frostig,
Wenn heiß das ganze Land,
Und wird der Baum für immer
Der „kalte Baum“ genannt. –

Als nun der Hirt geendet,
Rauscht's auf mit neuem Sturm;
Ich aber blick' hinüber
Zum Leuchtenberger Turm.

Mir war's, als säh' am Fenster
Das Fräulein ich noch steh'n,
Als hört' ich ihre Flüche,
Als säh' ich sie vergeh'n.

Schnell trat ich weg vom Baume
In warmen Sonnenstrahl
Und stieg, das Herz entlastet,
Hinab ins stille Tal.

Mich konnte das Burgfräulein allerdings aus ganz irdischen Gründen nicht erschrecken: Die nahe Autobahn A6 mit ihrer Lärmschutzwand versperrt den Blick vom Baum zur Burgruine und macht diesem ehrwürdigen Wahrzeichen der nördlichen Oberpfalz das Leben schwer; winterliche Salznebel tun dem Baum nicht gut.
Und da ist noch etwas ... Das allgegenwärtige Geräusch der Autobahn stört mich. Es stört mich dabei, dem Grusel der vielen unheimlichen Geschichten nachzuspüren: Angeblich toben in den Raunächten die Geister der wilden Jagd um den kalten Baum. Und es soll vor Jahrhunderten eine Zigeunerin hier lebendig begraben worden sein.
Jetzt erst beim Schreiben fügen sich das überlieferte Rauschen in den Ästen und das Rauschen der Autobahn zu einem Bild zusammen: Dieser Ort kommt nicht zur Ruhe, weder damals noch heute.

BAUMWUNDER AM SCHÖNSTEN NATURWUNDER DEUTSCHLANDS

2013 erklärte die Heinz-Sielmann-Stiftung den Rauhen Kulm zum schönsten Naturwunder Deutschlands. Ich weiß gar nicht, welche Bäume am Kulm beeindruckender sind: die riesigen Weißtannen und malerische Buchen am Fuß des erloschenen Vulkans oder die knorrigen, wind- und wettergegerbten Baumunikate an den Basalthängen. Ihre eigenen Geschichten haben sie alle …

Weide

WEIDENTOR ...

Salweiden sind hart im Nehmen. Oft sind Salweiden die ersten Bäume überhaupt auf Schutthalden oder Kahlflächen. Ihre Anpassungsfähigkeit nötigt irgendwie Respekt ab: Ob an der Baumgrenze der Alpen oder auf dem Balkan, in Spanien oder in Nordrussland – Salweiden ertragen Trockenheit, karge Böden, strengen Frost und selbst Überflutungen gleichermaßen.

So ist es gar nicht verwunderlich, dass gerade eine Salweide dieses wunderschöne natürliche Tor formt. Die heftigen Winde am Hang des längst erloschenen Vulkans halten zwar den Baum niedrig, können der schönen Salweide doch sonst wenig anhaben: Viel zu fest verkrallt sich die Pionierin mit ihren zähen Wurzeln zwischen den kargen Basaltfelsen und sichert so ihr Überleben.

Ortsangabe bezieht sich auf die riesigen Tannen am Fuße der Basalthalde. Die Buchen finden sich einige Meter südöstlich tiefer im Wald, das Weidentor auf halber Höhe des Vulkankegels:
49.827963, 11.848337

UNGLEICHE GESCHWISTER WAREN DIE BEIDEN ALTEN ROTBUCHEN

Sie standen nahe zusammen am Fuße des Vulkans und doch ist ihre Gestalt faszinierend verschieden. Links, die ältere: Als sie vor über 100 Jahren keimte, gab es hier noch keinen Wald. Ungestört von anderen Bäumen konnte sie ihre Krone ausbreiten, die stämmigen Äste setzen tief an. Einige Jahrzehnte später keimte in ihrem Schatten ein Rotbuchensämling. Um an das überlebenswichtige Sonnenlicht zu gelangen, gab es für ihn nur einen Weg: rasch nach oben. Das ältere Geschwister war dabei Licht-Konkurrent und Verbündeter in einem. Mit einem schlanken hohen Stamm wuchs der jüngere Baum im Schutz des älteren. Dessen ausladende Krone bewahrte den astlosen, empfindlichen Stamm der jüngeren Schwester vor lebensgefährlichem Sonnenbrand.

Schwester? Oder müsste es korrekt Bruder heißen? Genaugenommen beides! Buchen sind männlich und weiblich, ihre unscheinbaren Blüten tragen beide Geschlechter.

Leider endete der gemeinsame Weg der ungleichen Geschwister vorzeitig. Vor

Jahren schon starb gerade die jüngere der beiden Buchen ab. Lange noch stand ihr starker Stamm und bot vielen Lebewesen Nahrung und dem Specht eine Behausung. In den Stürmen des Winters 2021 brach die morsch gewordene Buche in sich zusammen.

Bei meinem Besuch ist der Waldboden übersät mit reifen Bucheckern, Überreste der gefallenen Buche werden langsam wieder Teil des nährenden Waldbodens, noch ist in der Kronenlücke der alten Buche zu erahnen, wo die jüngere stand. Kreislauf des Lebens.

Eiche 1

DREI RÖTHENBACHER RIESEN

Die starke Eiche am Hammerweiher mit knapp 6 m Umfang hat mich wirklich erstaunt. Sie ist gesund, steht völlig frei und kaum einer kennt sie. Und wie leicht werden von uns Bäume – auch die gewaltigen und herausragenden – übersehen? An dieser riesigen Eiche bin ich schon wer weiß wie oft vorbeigefahren, ohne sie zu bemerken!
Glücklicherweise sind nicht alle Lebewesen so achtlos wie wir: Den Wildschweinen ist die Eiche wohlbekannt. Sie durchwühlen regelmäßig und intensiv den Boden unter der Krone – auf der Suche nach Eicheln.
Das tun sie auch unter der zweiten Röthenbacher Eiche. Und die ist wirklich gut versteckt. Mit diesen zwei kurzen Sätzen begann ich in der ersten Auflage den langsam absterbenden und ehrlich gesagt auf mich respekteinflößend wirkenden Baum zu beschreiben. Das war 2019. Im Winter 2021 ist der Gigant aus alter Zeit im Sturm zusammengebrochen. Der kolossale Stamm darf an Ort und Stelle langsam in den Kreislauf des Lebens zurückkehren. Die starken Äste seiner liegenden Krone überragen noch im Tode die meisten der umstehenden Bäume. Ich werde die Eiche, deren Gestalt direkt aus einem Märchen zu kommen schien, vermissen.
Die dritte Röthenbacher Eiche bewacht den Zugang zu einem verlassenen Landschloss. Jahrhundertelang pulsierte hier am Hammerschloss Röthenbach das Leben: im 14. Jahrhundert ein bedeutender Ort der Eisenverabeitung, später dann, im 19. Jahrhundert, betrieben die Schlossherren eine Glashütte und eine Brauerei. All das ist schon lange vorbei. Jetzt ist es ein romantisch verwunschener Ort, den ich besuche. Von der Zeit und der Welt vergessen.
Sind also aus den drei Rieseneichen deren zwei geworden? Nein, glücklicherweise hat mich kurz nach Erscheinen des Buchs mein Baumfreund Rudi darauf hingewiesen, dass nicht weit vom Schloss und direkt am Waldrand eine weitere Rieseneiche zu finden sei. So freue ich mich, dass es am Ende doch wieder drei Röthenbacher Riesen sind, die ihre Kronen machtvoll in den Oberpfälzer Himmel recken.

Eiche 1
49.619233, 11.988401

Eiche 2 (Baumruine)
49.618062, 11.988020

Eiche 3
49.619215, 11.992277

Eiche 4
49.621110, 11.999380

Eiche 2

Eiche 3

Eiche 4

SPIRKEN, NICHT BIRKEN

49.687336, 11.997658

Nein, das ist kein Schreibfehler. Und obwohl Spirken und Moorbirken durchaus am gleichen Ort wachsen können, ist das eine ein leicht luftiger Laubbaum und die Spirke ein seltener Nadelbaum.

So selten und auch unauffällig, dass die meisten Menschen von dieser Oberpfälzer Rarität noch nicht mal gehört haben, vielleicht weil die Spirke oder Hakenkiefer unserer Waldkiefer so ähnlich sieht. Und auch ich habe mich auf meiner Spirken-Suche im Manteler Forst anfangs gefragt, ob ich die Seltenheit überhaupt erkennen würde. Die Sorge war ganz unbegründet. Wenn man mit wacher Aufmerksamkeit durch das abgelegene Moor geht, dann fällt das tiefe Dunkelgrün der Nadeln ebenso auf wie das etwas düstere Grau der schlanken geraden Spirkenstämme. Gerade genug, um sofort zu merken, dass diese Kiefern am Ufer des Moorsees irgendwie anders aussehen. Und das tun sie hier schon recht lange. Spirken im Flachland sind Eiszeitrelikte, Bäume, die eigentlich an die harten Lebensbedingungen der ausgehenden Eiszeiten angepasst waren und mit zunehmender Erwärmung und steigender Konkurrenz durch andere Bäume ausgestorben sind. Aber eben nur fast überall. Und so ist ein Aufenthalt im Naturwaldreservat Gscheibte Loh auch eine kleine Zeitreise in das Nordbayern vor 10.000 Jahren. So muss es für die jagenden Nomaden ausgesehen haben, als die Tundra langsam verschwand und die Bäume zurückkehrten.

Links die Waldkiefer und rechts die Spirke.

Waldkiefern, Spirken und Birken am Moorsee – im Manteler Forst entdecken wir ein Zeitfenster in die Oberpfalz vor 10.000 Jahren.

DIE EWIGE FRAGE

Warum ist gerade die Linde an Kapellen und Kirchen DER Baum schlechthin? Keine andere Baumart ist seit alters her mehr mit der Volksfrömmigkeit verbunden. Und so sind es natürlich uralte Linden, die die Wallfahrtskirchen St. Quirin und St. Nikolaus wie verwunschene Märchenschlösser erscheinen lassen. Schon 1680 mit dem Bau von St. Quirin wurden die ältesten der Riesinnen gepflanzt. Die alten Linden auf dem Koppelberg sind nur wenig jünger.

Aber warum gerade Linden? Stattliche Ahornbäume oder Buchen machen doch auch etwas her! Aber die Linde ist viel tiefer im Volksglauben verankert. Bereits die Germanen verehrten ihre weibliche Göttin Freia mit der Linde, stellten deshalb Freia-Figuren im Schatten mächtiger Linden auf. Mit der Christianisierung behielt die Linde ihre Bedeutung. Nur die Freia-Figuren ersetzte man gezielt durch Marien-Darstellungen. Und so wurde allmählich der Baum der Göttin zum Baum der Jungfrau Maria.

Die jeweils größten Linden befinden sich wenige Meter westlich des Haupteingangs der beiden Wallfahrtskirchen

St. Qurin bei Püchersreuth:
49.761418, 12.213734

Ob das der einzige Grund ist? Wohl nicht. Kaum ein anderer Baum – vielleicht mit Ausnahme der Weide – spielt seit dem Mittelalter eine so große Rolle in der Heilkunde. Und es sind vor allem die Blüten, welche mannigfaltig eingesetzt „Linderung“ verschaffen. Ja, seit dem 16. Jahrhundert bereichert die gute Linde auch unsere Sprache, denn lindern bedeutet, „einen Zustand von Schmerz oder Not zum Besseren hin zu verändern“. Wertschätzung und Ehrung haben da die Linden erfahren.

Überhaupt haben Linden etwas mütterlich Nährendes an sich: Wenn sich im Frühsommer die bis zu 60.000 Blüten einer ausgewachsenen Linde öffnen, wird der Baum zur unerschöpflichen Weide für hungernde Bienenvölker. Das schätzte Karl der Große bereits vor 1200 Jahren und ordnete im gesamten Frankenreich Lindenpflanzungen an, um den wertvollen Honig zu gewinnen. Konsequenterweise pflanzte auch der Klerus Lindenbäume an den zahlreichen Kirchenneubauten. Und zur Kirche passt dann auch das Holz der Lindenstämme: es sind so viele mittelalterliche Heiligenfiguren aus Lindenholz geschnitzt, dass man dieses auch „lignum sacrum“ (heiliges Holz) nannte.

Und so dürften sich in dieser Frage ausnahmsweise heidnische Germanen, die katholische Kirche und Karl der Große persönlich einig sein: Linden und heilige Orte gehören untrennbar zusammen.

St. Nikolaus auf dem Koppelberg:
49.582385, 12.154801

STILLE ZEIT

Seit 1376 ist die idyllische Anhöhe des Koppelbergs bei Luhe Wallfahrtsstätte. Mindestens. Da erscheinen die rund 300 Jahre alten Linden, die die Kirche St. Nikolaus umgeben, fast jugendlich.

Viele Legenden ranken sich um diesen Ort, an dem bis 1935 ein Einsiedler lebte. In jüngster Zeit sind sogar Geisterjäger auf den Koppelberg aufmerksam geworden und betrachten ihn als einen Ort paranormaler Aktivität. Ich habe an einem herrlichen Spätsommernachmittag keinen Spuk bemerkt. Ganz im Gegenteil: Bei meinen Baumstreifzügen bin ich kaum einem Ort begegnet, von dem eine ähnlich friedvoll meditative Ruhe ausgeht.

HALBBLUT

49.643918, 11.913131

Würde dieser alte Birnbaum zwischen Kaltenbrunn und Tanzfleck in einem Karl-May-Roman genannt werden. Denn bei dieser Seltenheit handelt es sich wahrscheinlich weder um eine reinrassige Wild- oder Holzbirne noch um eine sortenreine Kulturbirne. Wahrscheinlich haben wir hier den verwilderten Nachkommen einer Hausbirne vor uns, bei dem die Merkmale der Wildbirne wieder stark durchschlagen. Oder sollte es sich doch um einen der nur ca. 14.000 deutschen Holzbirnbäume handeln? Nur eine Genanalyse könnte etwas Licht ins Abstammungsdunkel bringen.

Aber das ist meiner Meinung nach gar nicht nötig. Denn die Geschichte der Birne ist ohnehin eine endlose Verkettung von Kreuzungen und Durchmischungen verschiedenster Wildbirnen, so dass kein Mensch mehr nachvollziehen kann, was da im Laufe der letzten Jahrtausende alles zusammengekreuzt wurde, um die heute existierenden rund 5000 Birnensorten zu erhalten. Jedenfalls paarten die Menschen schon im Zweistromland verschiedene Wildbirnen miteinander und waren vom süßen Ergebnis so beeindruckt, dass den Babyloniern der Birnbaum sogar heilig war. Wie und wann der Birnbaum genau nach Mitteleuropa und nach China gekommen ist, weiß niemand so genau. Jedenfalls gab es schon in der Jungsteinzeit Birnen frisch vom Bodensee.

Die meisten Sorten wurden erst nach 1750 gezüchtet, denn im Mittelalter hatten gerade Birnbäume nicht den besten Ruf und galten als Aufenthaltsorte von Hexen und Dämonen.

Allerdings hielt das die Menschen nicht davon ab, seit jeher das wertvolle Holz des Birnbaums zu nutzen: Hart, elastisch und gut zu polieren ist es. Aber das wirklich Besondere ist die Holzfarbe. Durch Dämpfen wird es Rotbraun und durch Einfärben tiefschwarz. Schwarz eingefärbtes Birnenholz galt als (ebenfalls sehr teurer) Ersatz für das fast nicht aufzutreibende, echte nordafrikanische Ebenholz. Und so spricht einiges dafür, dass ein berühmter Satz aus Schneewittchen eigentlich heißen müsste: „… so weiß wie Schnee, so rot wie Blut und so schwarzhaarig wie Birnenholz.“

AS TIME GOES BY

Seit 1772 bewacht die Weißenbacheiche den Eingang zu einem geheimnisvollen Märchenwald. Mit ihrer beeindruckenden Höhe und ihren knapp 5 Meter Umfang ist die alte Stieleiche eine mächtige Erscheinung.

Wenn geheimnisvoll ganz wörtlich voll von Geheimnissen bedeutet, dann trifft das auf die Umgebung dieser Eiche mehr als zu. Das beginnt mit den Verwirrungen um ihren Namen. Benannt nach der längst verschwundenen Ortschaft Weißenbach, die sich aber nicht ansatzweise in der Nähe der Eiche befand, wurde der Baum früher als „Großvater" beziehungsweise „Großmutter" bezeichnet. Heute geht man davon aus, dass es ursprünglich eine zweite alte Eiche gab, mit deren Hinscheiden in Vergessenheit geriet, welcher Großelternteil nun gestorben war und welcher überlebte.

Es wäre übrigens gar nicht nötig gewesen, die Eiche nach dem verschwundenen Weißenbach zu benennen, denn vor Jahrhunderten befand sich bei der Eiche tatsächlich ein längst vergessenes Dorf: Sonwartenreuth. Niemand weiß mehr, was dieser Name ursprünglich bedeutete, wer dort lebte und wann und warum das Dorf verlassen wurde. Heute zeugen nur noch die im Wald verborgenen Wallanlagen einer mittelalterlichen Turmhügelburg von der einstigen Besiedlung – keine 50 Meter von der Eiche entfernt. Bei meinem Besuch tauchte die Nachmittagssonne die Burgreste aus dem 11. Jahrhundert in das geheimnisvolle Licht eines alten Eichen-Hainbuchenwaldes.

49.662457, 12.069529

Die Stille wurde nur von den Vögeln im Wald und zugegebenermaßen vom Surren der zahlreichen Stechmücken unterbrochen. Der Kontrast zwischen der mystischen Ruhe dieses Ortes und der Vorstellung, wie hier vor 1000 Jahren das Leben um die Burg pulsierte, könnte nicht stärker sein.

Burgen, Ortschaften, Bäume und selbst die Namen der Bäume vergehen und werden vergessen. Aber doch bleibt das, was wirklich zählt. Mir kommt das Lied „As time goes by" in den Sinn. Dooley Wilson sang 1942 im Filmklassiker „Casablanca" die Worte:

„The fundamental things apply
as time goes by."

Und so ist es an der Weißenbacheiche auch – die Sonnenstrahlen malen Muster auf den Waldboden, die jungen Blätter rauschen leise im Wind und ein Amselmännchen steckt melodisch sein Revier ab. Das war schon so, bevor die ersten Siedler hier Burgen bauten und das wird auch noch so sein, wenn unsere Welt des 21. Jahrhunderts seit über 1000 Jahren vergangen sein wird. Irgendwie finde ich diesen Gedanken gerade sehr tröstlich.

REKORDHALTER MIT MIGRATIONSHINTERGRUND
EINE ANGESCHLAGENE SIEGERIN
RIESENBUCHE VON FRIEDENFELS
KEIN NATURDENKMAL
ÜBERLEBEN
YGGDRASIL UND DAS FALSCHE WEISSE STENGELBECHERCHEN
MARKTLEUTHEN
WEISSENSTADT
WUNSIEDEL
MARKTREDWITZ
WALDERSHOF
KEMNATH
ERBENDORF
WINDISCH-ESCHENBACH
MITTERTEICH
WALDSASSEN
TIRSCHENREUTH
BÄRNAU
ARZBERG
HOHENBERG a. d. Eger
CHEB
PRESSATH
ESCHENBACH i. d. OPf.
GRAFENWÖHR
NEUSTADT a. d. Waldnaab
WEIDEN i. d. OPf.
PLEYSTEIN
VOHENSTRAUSS
VILSECK
HIRSCHAU
SCHNAITTENBACH
SULZBACH-ROSENBERG
AMBERG
PFREIMD
NABBURG
OBERVIECHTACH
SCHÖNSEE

LANDKREIS TIRSCHENREUTH

RIESENBUCHE VON FRIEDENFELS

Gewaltige Rotbuchen wie die 350 Jahre alte Riesenbuche von Friedenfels mit einem Umfang von rund sechs Metern sind in den Wäldern selten geworden. Dabei ist die Rotbuche so etwas wie DER europäische Baum. Ohne Eingriffe des Menschen wäre Mitteleuropa überwiegend von Buchenwäldern bedeckt.

Man sagt, vor 1000 Jahren hätte ein Eichhörnchen von der französischen Atlantikküste bis in die Ukraine gelangen können, ohne einmal den Boden zu berühren, springend von einer Buchenkrone in die nächste. Das ist lange her. Heute müsste das Eichhörnchen großteils zu Fuß gehen und würde wohl beim ersten Versuch, eine Autobahn zu überqueren, ums Leben kommen.

Aber es gibt auch hoffnungsvolle Nachrichten: Die UNESCO hat einige der wertvollsten alten Buchenwälder Deutschlands (2011) und Österreichs (2017) zum Welterbe erklärt. Die Begründung leuchtet ein: Es wird damit ein außergewöhnliches Ökosystem anerkannt, „...welches das Erscheinungsbild eines ganzen Kontinents in weltweit einzigartiger Weise geprägt hat“.

49.885255, 12.111811

92.000 Hektar Buchenurwald in 12 Staaten umfasst jetzt die UNESCO-Welterbestätte: „Alte Buchenwälder und Buchenurwälder der Karpaten und anderer Regionen Europas“. Unser Eichhörnchen wird es freuen.

Der alten Friedenfelser Buche geht es leider nicht gut. Sie baute in den letzten Jahren deutlich ab. Das ist traurig und doch auch normal. Die meisten Buchen werden nicht so alt wie Eichen oder Linden. Ihr hartes Holz ist gegenüber holzzersetzenden Pilzen viel weniger widerstandsfähig als das von Natur aus mit Holzschutzmitteln getränkte Eichenholz. Und sie verfügen auch nicht über die ausgeklügelten Überlebensstrategien von Linden (siehe die Baumgeschichte zur Grottenthallinde).

Und doch lebt der riesige Baum noch und bewacht seit jeher die Ruhe des verwunschenen Waldfriedhofs, den Baron Maximilian Joseph von Notthafft vor fast 150 Jahren anlegen ließ.

Riesenbuche von
Friedenfels

REKORDHALTER MIT MIGRATIONS-HINTERGRUND

Mit exakt 66,85 m, bestätigt vom Vermessungsamt Freiburg, siegt Waltraut endgültig im März 2017. Waltraut? Wer ist Waltraut? Der Reihe nach. Diesen Namen hat man dem höchsten Baum Deutschlands gegeben, einer Amerikanischen Douglasie, die im Jahr 1913 in der Nähe von Freiburg gepflanzt wurde und mittlerweile die höchsten Exemplare der einheimischen Ex-Rekordhalter-Weißtanne (53,80 m) und der Rotfichte (59,30 m) übertroffen hat.

Und auch wenn die wunderschönen Douglasien-Zwillinge bei Pechbrunn „nur" rund 42 Meter hoch sind, könnten auch sie verkannte Rekordhalter sein. Vielleicht sind es ja die ältesten bayerischen Douglasien. Dafür spricht einiges: Um das Jahr 1830 herum gelangten die ersten Douglasiensamen von der amerikanischen Westküste nach England und wenig später auch nach Deutschland. Ab 1850 beginnt der Versand von Saatgut in das damalige Preußen und noch mal einige Jahre später auch nach Bayern. Die

49.968171, 12.190792

folgenden Jahre der Douglasienausbreitung liegen zwar im Dunklen, aber 1884 wird Forstgehilfe Pürner im Pechbrunner Wald ermordet und zum Gedenken wird ein Marterl am Tatort gesetzt. Wohl aus diesem Anlass werden die flankierenden Douglasien gepflanzt und genau dabei dürfte man auf etwas größere und ältere Bäume zurückgegriffen haben, statt Zentimeter hohe Sämlinge in der Waldvegetation verschwinden zu lassen.

Nimmt man all das zusammen, könnten die beiden imposanten Douglasien knapp 150 Jahre alt sein und wären damit in der Tat die ältesten Douglasien Bayerns. Und auch wenn sie wohl Waltrauts Höhe nicht erreichen werden, verbreiten sie mit ihren gewaltigen 3,40 Meter im Umfang messenden Stämmen einen Hauch von Vancouver Island im Oberpfälzer Wald.

Wie der Name schon sagt, kommt die Amerikanische Douglasie ursprünglich aus den westlichen Teilen der USA und Kanadas und wird erst seit weniger als 200 Jahren in Europa angepflanzt. Dass sich die Douglasie in Mitteleuropa offenbar ähnlich wohl fühlt wie auf der anderen Seite des Atlantiks, liegt vielleicht auch daran, dass eine nahe Verwandte – die sehr ähnliche europäische Douglasie – viele Millionen Jahre in Europa heimisch war, ehe Waltrauts Urgroßtanten während der letzten Eiszeit ausstarben.

Esche 1

Esche 1
49.815584, 12.077349

Esche 2
49.816332, 12.079280

YGGDRASIL UND DAS FALSCHE WEISSE STENGELBECHERCHEN

„Eine Esche weiß ich, Yggdrasil heißt die Hohe, umhüllt von hellem Nebel. Und von dort kommt der Tau, der in die Täler fällt. Immergrün steht sie am Brunnen der Urd …“

So beschreibt die Edda den Weltenbaum. Yggdrasil, die mit Wurzeln und Krone nicht nur Midgard, die Welt der Menschen, umfasst, sondern die gesamte Schöpfung, vom Totenreich bis zum Reich der Götter. Mit ihr beginnt und endet die Welt.

Ich kann gar nicht anders als an Yggdrasil zu denken, wenn ich vor ausladenden alten Eschen stehe. Und als man im 13. Jahrhundert die uralten Überlieferungen der germanischen Götter- und Heldensagen in Island aufgeschrieben hat, müssen die Verfasser wohl solche Bäume vor Augen gehabt haben, als sie Yggdrasil zur Esche erklärten. Dass es im alten Island keine Eschen gab, störte dabei ebenso wenig wie die Tatsache, dass Eschen nicht immergrün, sondern bestenfalls sommergrün an irgendwelchen Brunnen stehen.

Die großen Eschen an der B 22 bei Windischeschenbach wirken gesund. Aber vielen anderen Weltenbäumen geht es heute nicht gut. Ein aggressiver Pilz mit dem harmlos klingenden Namen „Falsches Weißes Stengelbecherchen“ verbreitet sich immer schneller, lässt zuerst die Eschenblätter schon im Sommer welken und dann nacheinander die Äste absterben. Woher die früher unbekannte Krankheit kommt? Die Experten sind unsicher, vermuten, dass der Pilz aus Ostasien eingeschleppt wurde. Sicher ist nur, dass die Krankheit 1992 erstmals in Polen, 2005 in Österreich und zwei Jahre später in Deutschland ausbricht. Die Seuche hat jetzt fast ganz Europa erreicht und bringt die majestätischen Bäume an den Rand des Aussterbens.

Für die Germanen wäre das ein böses Vorzeichen: Wenn Yggdrasils Blätter welken, dann beginnt Ragnarök, die Götterdämmerung, der Untergang der Welten …

Esche 2

KEIN NATURDENKMAL

Kein Naturdenkmal ist die riesige Schwingerlinde bei Tirschenreuth und das obwohl sie mit knapp 7 Metern Umfang eine imposante Erscheinung ist und völlig gesund wirkt. Was bedeutet eigentlich Naturdenkmal? Obgleich in verschiedenen Ländern etwas anders festgelegt, geht es immer darum, dass besondere Einzelschöpfungen der Natur unter besonderem gesetzlichen Schutz stehen und es unter Strafe steht, sie zu verändern oder zu zerstören. Warum trifft das auf die wunderschöne Oberpfälzer Linde nicht zu? Teilweise sind doch deutlich weniger markante Bäume Naturdenkmäler.

Tatsache ist: Schon 2004 wurde ihre Ausweisung als Naturdenkmal beantragt und immer wieder von der Unteren Naturschutzbehörde abgelehnt. Weshalb?

Wie so oft spielte das liebe Geld dabei eine wichtige und traurige Rolle.

Es ist nämlich beileibe nicht mit dem Anbringen eines grün-weißen Naturdenkmalschildchens getan. Mit der Benennung übernimmt die zuständige Kommune eine besondere Verantwortung, was die Pflege oder die Verkehrssicherung betrifft. Und die regelmäßige Kontrolle durch Fachleute oder anfallende baumchirugische Maßnahmen gehen richtig ins Geld. Deshalb ist die Ausweisung eines Baumes als Naturdenkmal immer als ein besonderes Statement zu verstehen: „Ja, dieser Baum ist uns etwas wert." Ob die außergewöhnliche Sommerlinde bald auch eine solche Wertschätzung erfährt? Ich hoffe es. Und solange man das grün-weiße Schildchen vergeblich sucht, genießt der Bildbaum hoffentlich besonderen himmlischen Schutz: Irgendwann hat jemand Kreuz und Votivbild an den Stamm genagelt. Wer? Auf Nachfrage heißt es nur: „Daj worn af omal durt."

49.866889, 12.287188

ÜBRIGENS

Die idyllisch am Waldrand gelegene Schwingerlinde ist im Zuge einer Flurbereinigungsmaßnahme in städtischem Besitz und dadurch nicht akut bedroht.

ÜBERLEBEN

49.836177, 12.054158

Tief hat ein gewaltiger Astabbruch den sieben Meter Umfang messenden hohlen Stamm der Linde an der Windischkapelle aufgerissen. Steht man vor dem Stamm, tauchen Fragen auf: Muss da nicht „etwas" gemacht werden, um die alte Winterlinde zu retten? Zum Beispiel heraushobeln, glätten und konservieren? Ich denke nicht.

Linden wachsen seit mindestens 50 Millionen Jahren auf der Erde und sind während der ganzen Zeit ganz gut ohne Versorgung durch uns Menschen ausgekommen. Man muss sich das einmal vorstellen: Es gab Linden schon, als die Abstammungslinien von Mensch und Affe noch nicht einmal getrennt waren. Und als vor rund 200.000 Jahren Homo sapiens begann, von Ostafrika aus die Welt zu erobern, waren Linden bereits eine uralte Spezies.

Bäume verfügen über viele Überlebensstrategien, die wir zum Teil noch gar nicht verstehen. Ein zerfallender Stamm muss z.B. längst nicht das Lebensende bedeuten. Gerade die ältesten Linden bestehen fast nur noch aus einer dünnen Schicht lebenden Holzes und aus einer geradezu winzigen Sekundärkrone – nachgewachsen als Ersatz für ihre meist in Stürmen zerbrochenen gewaltigen Primärkronen. Die hohlen Stämme könnten deren Gewicht nur schwer tragen.

Vielleicht ist auch die Linde an der Windischkapelle gerade dabei, sich für einen gesunden Lebensabend klein zu schrumpfen.

Nicht falsch verstehen, ich finde es wichtig, wenn man sich um alte Bäume gut kümmert, sie in den Hitzesommern mit Wasser versorgt, ihre Wurzelräume vor Bodenverdichtung schützt und ausladende Äste auch einmal einkürzt oder abstützt. Doch würde hin und wieder etwas mehr Vertrauen in die Selbstregulation der Natur nicht schaden. Wenn das Leben eines alten Baums dann doch langsam zu Ende geht, könnten wir es ihm vielleicht ersparen, seine verbleibenden Jahre in einem übertriebenen Korsett aus Ringen, Stützen und Seilen verbringen zu müssen.

Respektvoller finde ich es, wenn wir dann die alten Riesen in Würde gehen lassen. Dann, wenn ihre Zeit gekommen ist. Was nebenbei gesagt bei unserer Linde noch mehrere Menschenleben dauern kann.

49 Millionen Jahre alte versteinerte Lindenblätter gibt es in der Sammlung des Burke Museum of Natural History and Culture in Seattle in den USA zu sehen.

EINE ANGESCHLAGENE SIEGERIN

49.954933, 12.448905

ist diese ausladende Rotbuche. Siegerin, denn die Rotbuche gilt als weiblich und wird nicht nur von Förstern „Mutter des Waldes“ genannt.

An sich sind Rotbuchen ja in unseren Wäldern DIE Siegerbäume: Konkurrenzstark sind sie und in unseren nicht zu kalten Wintern und eher feuchten Sommern fast allen anderen Laub- und Nadelbäumen überlegen. Ohne Zutun des Menschen wandeln sich die meisten Wälder innerhalb von rund 150 Jahren in Buchenwälder um.

Moment mal! Welche „feuchten Sommer“ sind da gemeint? Die Sommerdürren, wie sie uns seit 2015 heimsuchen, seien gravierender als alle Dürreperioden der vorausgehenden 2000 Jahre in Mitteleuropa, lautet das Ergebnis einer internationalen Studie des Wissenschaftsmagazins „Nature Geoscience“. Nach einigen Trockenheitsrekordjahren in Folge kann also von feuchten Oberpfälzer Sommern keine Rede mehr sein: Viele Waldböden sind in der Tiefe staubtrocken und viele Buchen sichtbar angeschlagen.

Gerade die alten Riesenbuchen wie die gewaltige Nigerlbuche bei Neualbenreuth zeigen sich als wenig anpassungsfähig und leiden: ausgelichtete Kronen, früher Laubfall und von Pilzen befallenes Holz – untrügliche Stresszeiger. Die Gigantin mit ihren fünf Metern Stammumfang wirkt auf mich, als ob sie im Zeitraffer altert.

Freilich: Buchen werden nicht so alt wie etwa Linden oder Eichen. Mit einem Alter von ungefähr 250 Jahren kann der 35 Meter hohe Baum auch einfach am Ende seiner Lebensspanne angelangt sein. Dennoch kann ich mich des Eindrucks nicht erwehren, dass diese alte Rotbuche nicht mehr bleiben will. Die Welt der sturmfesten und gnadenlos trockenheitsresistenten Klimawandelwälder mit ihren Klimawandelbäumen ist vielleicht nicht mehr die ihre. Fotografiert habe ich die alte Buche in leichtem Nieselregen. Ich fand, das feucht kühle Wetter gab der greisen Mutter des Waldes Würde.

Übrigens, ihren etwas seltsam anmutenden Namen hat die Buche vom Flurstück, an dem sie steht: dem Nigerl – ein alter Name aus uralten Zeiten, dessen Bedeutung sich uns heute entzieht.

NATURDENKMAL IM WERDEN
300 JAHRE WÄCHST DER EICHBAUM
PIONIEREINHEITEN AUS DEM NORDEN
XXL-HOFBAUM
WO BÄUME UND
KAPELLEN WANDERN
GROTTENTHALLINDE
PLEYSTEIN
VOHEN-
STRAUSS
HIRSCHAU
SCHNAITTENBACH
PFREIMD
NABBURG
AMBERG
OBERVIECHTACH
SCHÖNSEE
NEUNBURG
vorm Wald
ROTZ
SCHWANDORF
TEUBLITZ
BURG-
LENGENFELD
MAXHÜTTE
HAIDHOF
NITTENAU
CHAM
RODING
REGENSBURG
NEUTRAUBLING
WÖRTH
a. d. Donau
Bodenwöhrer Bucht
Regenstauf
Weiherhammer
Mantel
Etzenricht
Luhe-
Wildenau
Weiherhammer
Freudenberg
Schmidgaden
Fensterbach
Schwarzach b. Nabburg
Guteneck
Nieder-
murach
Winklarn
Dieterskirchen
Tännesberg
Gleiritsch
Moosbach
Eslarn
Tiefenbach
Thanstein
Ensdorf
Rieden
Bodenwöhr
Bruck i. d. OPf.
Neukirchen-Balbini
Stamsried
Pösing
Steinberg
am See
Kallmünz
Reichenbach
Walderbach
Wald
Zell
Michelsneukirchen
Falkenstein
Wenzenbach
Bernhardswald
Brennberg
Rettenbach
Donaustauf
Tegernheim
Barbing
Wiesent
Bach a. d. Donau
Wiesenfelden
Falkenfels
Lappers-
dorf
Pettendorf
Pielenhofen
Nitten-
dorf
Sinzing
Pentling
Ober-
traubling
Mintraching
Pfatter
Kirchroth
Deuerling
Duggendorf
Wolfsegg
Holzheim a. Forst
Schmidmühlen
Teunz
Weiding
Pfreimd
Naab
Regen
O B E R P F Ä L Z E R W A L D
B A Y E

LANDKREIS SCHWANDORF

49.354833, 12.205907

PIONIEREINHEITEN AUS DEM NORDEN

Das sind auch diese sehenswerten Hängebirken am Murner See nahe Schwandorf. Birken sind hier Brückenköpfe der Wiederbewaldung der 1982 aufgelassenen Braunkohlegruben. Aus diesen ist durch Flutung das wunderschöne Schwandorfer Seengebiet entstanden. Glasklare, tiefe Seen, wie man sie sonst nur im Gebirge findet.

Die große Stunde der Birken schlägt immer, wenn es baumfreie Flächen zu besiedeln gilt. Und dafür sind sie hervorragend angepasst: Ihr Wuchstempo übertrifft fast alle anderen einheimischen Bäume bei Weitem. Ihre winzigen, geflügelten Samen sind leicht und werden in riesiger Menge produziert. Der Wind trägt sie dann in entlegenste Gebiete, Mauerritzen und in Wohnräume. ;)

Mit dem Farbstoff Betulin verpassen die Birken ihren Stämmen einen weißen Schutzanstrich: Er macht die Rinde wasserundurchlässig und sorgt dafür, dass der Baum auch auf ungeschützten Freiflächen besser überleben kann als andere. Im Winter werden die Strahlen der gefährlich tiefstehenden Sonne reflektiert. Sonst könnte es gegen Ende des Winters geschehen, dass die Wärme der Tagessonne Wasser aus den Wurzeln nach oben zieht und in der folgenden Frostnacht die Leitungsbahnen in den Stämmen platzen wie Gartenwasserleitungen, die man vergessen hat, vor dem Winter zu entleeren. Schwere Schäden wären die Folge. Obstbaumbesitzer haben bei den Birken spioniert und kalken in Spätfrostlagen die Stämme der Bäume.

Aber auch im Sommer schützt die weiße Farbe das empfindliche Rindengewebe vor Überhitzung. Das plötzliche Freistellen einer alten Waldbuche z. B. bedeutet ihren sicheren Tod.

Als Pionierpflanzen gehen Birken allerdings nicht immer zimperlich mit anderen Gewächsen um: Ihr dichtes, filzartiges Wurzelwerk macht es Keimlingen schwer, in ihrem lichten Schatten heranzuwachsen. Und wenn ihnen andere Bäume und Sträucher doch mal zu nahe kommen, dann lernen diese die dünnen peitschenartigen Zweige der Birken kennen: Die damit im Wind ausgeführten Schläge können Nachbarn übel entlauben.

Und wenn aus Brachland ein lichter Birkenwald geworden ist? Dann gehen die Birken allmählich wieder. Nach 80 bis 100 Jahren ist ihre Lebenskraft aufgebraucht und sie überlassen das Feld den anderen Waldbäumen. Diese finden in den immer zahlreicher werdenden Lücken genug Schutz vor Wind und zu viel Sonne. Ihre schattigen Kronen lassen lichtbedürftigen Jungbirken keine Chance mehr. Aber die Pioniere tun ihre wichtige Arbeit längst woanders …

XXL-HOFBAUM

49.325175, 12.011658

So könnte man die breitkronige Rieseneiche bei Gut Siegenthan nennen. Mächtig dominiert sie die gepflegte Wiese an der Zufahrt zum alten Gutshof. Mehrere Jahrhunderte wacht sie hier schon; wie lange, weiß niemand.

Warum hat man eigentlich zu allen Zeiten Bäume an großen und kleinen Bauernhöfen gepflanzt? Und noch dazu fast immer große Linden oder eben Eichen? Bäume, die weder Obst noch Viehfutter liefern? Sozusagen nutzlose Hofbewohner, die bestenfalls Schatten spenden. Und abgesehen davon: Wenn es nur um den Sonnenschutz geht, hätte man auch einen oder zwei großkronige Birnbäume pflanzen können. Aber vielleicht nur bei oberflächlicher Betrachtung.

Oder hat es vielleicht eher damit zu tun, dass bei den Germanen die Linde der Göttin Freya geweiht war, der Göttin des Frühlings und des guten Hausstandes? Außerdem war sie auch die Göttin der Fruchtbarkeit – man mag ihr deshalb verzeihen, dass eheliche Treue nicht zu ihren stärksten Seiten gehörte. Ihr Ehegatte Odin tobte, als er erfuhr, dass Freya, um ihren kostbaren Halsschmuck zu erhalten, gleich mit vier Zwergen vermutlich nacheinander ins Bett gestiegen war. Nur eine der zahlreichen Eskapaden der schönen Göttin.

Die Eiche hingegen war dem Donar geweiht und den Germanen einer der heiligsten Bäume überhaupt. In heiligen Eichenhainen, deren Beschädigung bei Todesstrafe verboten war, wurde den Göttern geopfert.

Und dass später in christlicher Zeit die Eichen des alten Donnergottes die Bauernhöfe vor Blitzschlag und Unwetter schützen sollten, ist da schon fast logisch.

„300 JAHRE WÄCHST DER EICHBAUM“

49.349128, 12.128018

300 Jahre steht er und 300 Jahre vergeht er.“ So sagt eine alte Försterweisheit.

Heute sehen wir das etwas nüchterner. Tatsächlich werden Eichen nur sehr selten älter als 400 Jahre. Aber immerhin – verglichen mit unserer Lebensspanne ist das durchaus eine Ansage!

Und selbst wenn das Leben einer Eiche zu Ende geht, spendet sie weiter Leben. Zumindest wenn der wertvolle Eichenstamm nicht sofort zu Möbelholz oder Parkettboden wird. Mit dem Absterben der Eiche beginnen Hunderte von z. T. sehr seltenen Käfer- und Pilzarten damit, das Holz zu besiedeln, zu durchbohren, sich und ihren Nachwuchs damit zu ernähren und so den Baum langsam zu zersetzen. Jahr für Jahr dringen sie tiefer in das einst fast unzerstörbare Eichenholz vor. Überwintern im Mulm der toten Stämme und machen das, was der Förster Totholz nennt, zu Lebensholz.

Eichen sind dabei besonders wertvoll – durch ihr widerstandsfähiges hartes Holz tragen auch lebende Bäume viel mehr Totholz in der Krone als das etwa bei Buchen der Fall ist.

Vor allem sterben Eichen viel öfter als andere Bäume stehend und trotzen auch im Tode noch Jahrzehnte den Stürmen, ehe ihre Ruinen eines Tages in sich zusammenstürzen. Liegendes Totholz wird dann vergleichsweise schnell wieder zu Waldboden.

Lange dürfte das bei dieser einst mächtigen Eiche im Schlosspark, oder besser Schlosswald von Fronberg, nicht mehr dauern. Aber immerhin darf dieser Baum auch im öffentlich zugänglichen Schlosspark den natürlichen Kreislauf des Lebens vollenden.

Irgendwann wird das bei der einige 100 m entfernten Rieseneiche ebenso sein. Auch wenn bis dahin noch Jahrzehnte oder gar Jahrhunderte verstreichen.

Ohne die freundliche Mithilfe des Schlossherren Freiherr von Breidbach-Bürresheim hätte ich die markante Eiche übrigens gar nicht gefunden.

Mit einem Stammumfang von über sechs Metern und einer Höhe von 27 m überragt die alte Stieleiche die umgebenden Sträucher und Jungbäume und hat unter ihrer Doppel-Krone eine natürliche Lichtung geschaffen.

Stürme und Gewitter haben den zerklüfteten Baum gezeichnet und baumstarke Äste aus der Krone gerissen. Und doch ist die Lebenskraft der alten Stieleiche ungebrochen. Archaische Kraft und deutlich sichtbare Vergänglichkeit treffen hier zusammen.

Vielleicht ist eine ähnliche Wirkung von den Baumheiligtümern der Kelten ausgegangen. Der Gedanke, dass die tiefe dunkle Höhle im Stamm ein Tor zur keltischen Anderswelt sein könnte, erscheint mir hier gar nicht sehr abwegig.

Und vielleicht stand Prentice Mulford vor einem ähnlichen Baum, als er vor fast 150 Jahren seine berühmten Zeilen geschrieben hat:

„Glücklich der Mensch, der Bäume liebt, besonders die großen, freien, die wild wachsen an der Stelle, wo die unendliche Kraft sie gepflanzt hat, und die unabhängig geblieben sind von der Fürsorge der Menschen."

49.278556, 12.445778

GROTTENTHALLINDE

Schon wieder eine Linde, könnte man denken. Warum eigentlich? Das liegt daran, dass von allen einheimischen Bäumen Linden (und eventuell Eiben) mit Abstand am ältesten werden und damit mehr Gelegenheit haben, zu markanten Baumpersönlichkeiten heranzuwachsen.

Warum werden eigentlich gerade Linden so alt? Ihr Holz ist viel weniger widerstandsfähig als Eichenholz und doch haben Sommer- und Winterlinde sehr ausgefeilte Strategien, um den Herausforderungen des Alters zu begegnen.

Gerade das rasche Hohlwerden der Lindenstämme ist dabei sehr wichtig. Statiker können tatsächlich berechnen, dass aufgrund der Eulerschen Theorie der Knickung ein Hohlzylinder gegen Knickung stabiler ist als ein massiver Zylinder mit gleichem Umfang. So erstaunlich das auch ist: Dass die Linden es zulassen, dass Insekten und Pilze ihr Kernholz zersetzen, erscheint da in neuem Licht. Ihre hohl werdenden Stämme widerstehen also den Stürmen weit besser, als wir oft denken.

Aber die Linden haben noch weitere, lebensverlängernde Trümpfe im Ärmel. Sind die Stämme vollständig hohl, so beginnt in deren Innerem ein spannender Vorgang: Von hoch liegenden Astgabeln aus wachsen Wurzeln im Stammesinneren nach unten. Damit verankert der alternde Baum seine immer größer und schwerer werdende Krone zusätzlich im Boden. Man kann sich das wie stählerne Spannseile an Brücken und Masten vorstellen.

Und wenn das alles nicht reicht, dann spielt die Linde ihren letzten Joker aus: Neue Triebe, die auch in höchstem Alter aus dem Wurzelstock wachsen können, verjüngen den Baum allmählich, wenn das Lebensende des sogenannten Primärstammes endgültig gekommen ist.

Auf diese Weise schaffen es von unseren Laubbäumen wahrscheinlich nur die Linden, die magische 1000-Jahrgrenze tatsächlich zu nehmen.

Aber woran sterben dann die uralten Linden-Methusalems doch irgendwann? Heute geht man davon aus, dass sie sich ganz wörtlich zu Tode wachsen: Solange ein Baum lebt, wachsen seine Wurzeln und Triebe weiter. Dadurch wird aber die Entfernung zwischen Blättern und Wurzelspitze immer größer. So groß, dass der Verdunstungssog der Blätter irgendwann nicht mehr ausreicht, um Stoffe von den Wurzeln nach oben zu transportieren. So, als ob wir versuchen, mit einem 50 m langen Strohhalm zu trinken. Die Baumgreise verdursten und verhungern also schließlich. Aber bis dahin sind – wie gesagt – schon mal 1000 Jahre vergangen.

WO BÄUME UND KAPELLEN WANDERN

Ich gebe zu, im ersten Moment war ich von der Kapelle in Buch bei Schwandorf etwas enttäuscht. Ein adrett sauberer Kapellenneubau ersetzt einen 2006 abgerissenen urigen Vorgängerbau. Nur noch einige Steine – eingewachsen in den Stamm der riesigen Linde erinnern daran.

Die Winterlinde mit einem Umfang von über 7m ist dafür wunderschön. Zumal sie eine kleinblättrige Winterlinde ist. Viel häufiger sind die wirklich alten Riesinnen, nämlich großblättrige Sommerlinden.

Besonders kurios finde ich, wie sich das Ensemble aus Kapelle und Linde langsam fortbewegt.

Also: Die ehemalige Kapelle stand nördlich der Linde, während der Neubau an der Südseite des riesigen Stammes errichtet wurde. Und das war der Beginn einer ungewöhnlichen Wanderung: Denn südlich der neuen Kapelle steht bereits eine nachgepflanzte Linde.

Und wenn in ferner Zukunft die jugendliche Linde die alte Linde ersetzt haben wird?

Ja genau, dann stehen Baum und Kapelle wieder wie vor 200 Jahren zueinander: Im Norden die Kapelle und südlich davon die Linde. Allerdings sind die beiden gemeinsam 25 m nach Süden gewandert. Und nebenbei ist dabei aus der Winterlinde eine Sommerlinde geworden.

49.311820, 12.344242

NATURDENKMAL IM WERDEN

49.53944, 12.166478

„Große Douglasie soll zum Naturdenkmal werden", so war die Zeitungsmeldung betitelt, die ein Mitglied meiner Facebook-Gruppe mit mir geteilt hat. Mich hat das sehr gefreut, hatte ich doch am Rande mitbekommen, dass im Laufe der letzten Jahre einige der alten Douglasien an der Burg Wernberg den Motorsägen zum Opfer gefallen waren.

Dieses Schicksal bleibt der besonders beeindruckenden und rund 100 Jahre alten nordamerikanischen Einwanderin höchstwahrscheinlich erspart. Auch wenn zum Zeitpunkt, an dem ich diese Zeilen schreibe, also Anfang Mai 2022, die Ausweisung zum Naturdenkmal keineswegs endgültig entschieden ist. Eine qualifizierte Untersuchung des Baums steht noch aus und was die Haftung im Falle von Schäden und die Verkehrssicherungspflicht betrifft, ist bis dato nur geklärt, wer sie nicht übernehmen wird.

Verdient hätte diese Auszeichnung der majestätische Baum in jedem Fall. Der weithin sichtbare Nadelbaum ist landschaftsprägend und erinnert vielleicht ja nicht nur mich daran, dass sich in der Zeit der globalen Erwärmung auch die Wälder verändern werden. Manche Baumarten werden wohl seltener werden, wie Esche und Fichte. Andere Baumarten werden dafür häufiger anzutreffen sein, wie zum Beispiel die Douglasie: Noch hält die elegante Baumart aus dem amerikanische Westen nur zwei Prozent Anteil in unseren Wäldern. Auch das ist manchen Naturschützern schon zu viel, denn erst die Zukunft wird zeigen, ob die Douglasie wirklich keine einheimischen Baumarten verdrängt oder ob nicht irgendwann eine jäh auftretende Douglasienkrankheit die Bestände zusammenbrechen lässt. Vor rund hundert Jahren mussten wir diese schmerzliche Erfahrung schon mit der ostamerikanischen Strobe machen. Über 100 Jahre lang als Hoffnungsträger der Forstwirtschaft gefeiert, wurden die

Bäume Anfang des 20. Jahrhunderts von einer Pilzkrankheit, dem Kiefernblasenrost, nahezu ausgerottet. Heute spielt die Seidenkiefer, wie sie in der Oberpfalz auch heißt, keine Rolle mehr im mitteleuropäischen Forst.

Wir sollten also vor den Risiken, die der Anbau fremdländischer Baumarten stets birgt, nicht den Kopf in den Sand stecken. Auch nicht bei der Douglasie. Aber da sind auch Chancen: Douglasien gelten als sturmfest und robust gegenüber sommerlicher Trockenheit. Ihr Holz ist gut nutzbar und jüngste Untersuchungen aus Bayern legen nahe, dass die Douglasie weniger invasiv einheimische Bäume verdrängt als anfangs befürchtet. Nicht zuletzt können Douglasien – zumindest in Amerika – richtig alt werden und wachsen auch bei uns zu sehr charakterstarken Bäumen heran: Ihre tief gefurchte, ja fast zerklüftete Borke und ihre im Freistand eher kolossalen als schönen Kronen geben alten Douglasien einen ganz eigenen wilden Charme. Ich mag die hohen stolzen Bäume, die für mich mehr sind als Forstbäume für die Zeit der globalen Erwärmung. Für mich sind es hoch aufragende Symbole der Hoffnung, dass unsere Wälder eine Zukunft haben und diese nicht allein von unseren einheimischen Bäume getragen werden muss.

So drücke ich der schönen Douglasie von Wernberg die Daumen und hoffe, dass Ihr, liebe Leserinnen und Leser, wenn Ihr dieses Buch in den Händen haltet, ein ausgewiesenes Naturdenkmal besuchen könnt.

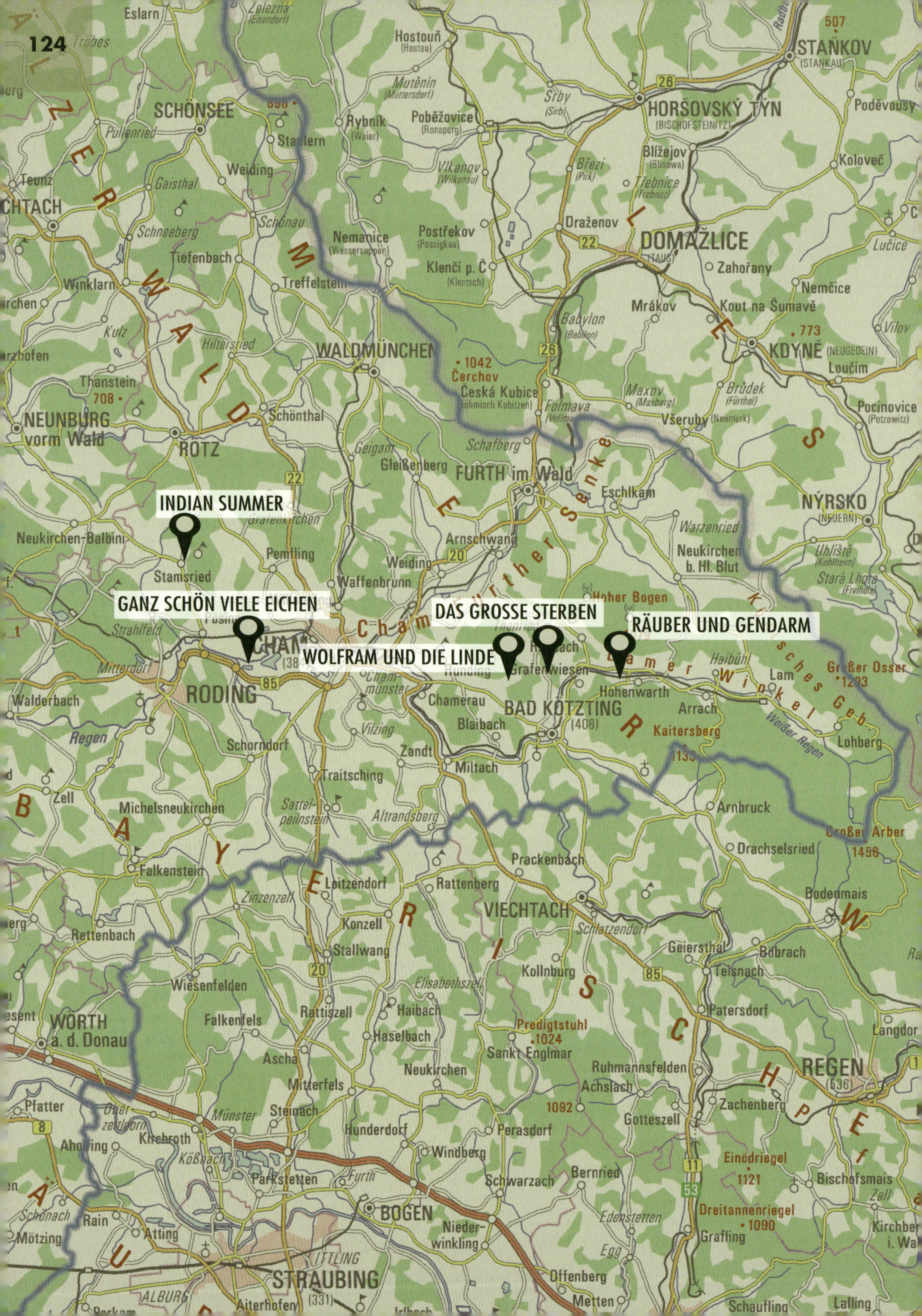
INDIAN SUMMER
GANZ SCHÖN VIELE EICHEN
DAS GROSSE STERBEN
WOLFRAM UND DIE LINDE
RÄUBER UND GENDARM
OBERPFÄLZER WALD
BÖHMERWALD
BAYERISCHER WALD
Chamer Senke
Furtherer Senke
Lamer Winkel
Künisches Geb.
SCHÖNSEE
WALDMÜNCHEN
NEUNBURG vorm Wald
RÖTZ
CHAM
RODING
FURTH im Wald
BAD KÖTZTING
VIECHTACH
REGEN
WÖRTH a. d. Donau
BOGEN
STRAUBING
HORŠOVSKÝ TÝN
DOMAŽLICE
KDYNĚ
STAŇKOV
NÝRSKO
Čerchov
Česká Kubice
Hoher Bogen
Großer Osser
Großer Arber
Kaitersberg
Predigtstuhl
Einödriegel
Dreitannenriegel
Stamsried
Neukirchen-Balbini
Pemfling
Waffenbrunn
Arnschwang
Eschlkam
Neukirchen b. Hl. Blut
Grafenwiesen
Hohenwarth
Lam
Arrach
Lohberg
Bodenmais
Zwiesel
Blaibach
Miltach
Chamerau
Traitsching
Falkenstein
Prackenbach
Kollnburg
Sankt Englmar
Ruhmannsfelden
Patersdorf
Teisnach
Schwarzach
Mitterfels
Parkstetten
Kirchroth
Rattiszell
Stallwang
Michelsneukirchen
Walderbach
Zell
Wiesenfelden
Falkenfels
Ascha
Hunderdorf
Neukirchen
Bernried
Bischofsmais
Metten
Offenberg
Aiterhofen

LANDKREIS CHAM

GANZ SCHÖN VIELE EICHEN

49.212615, 12.590147

Ganz schön viele Eichen stehen in dieser Eichenallee zwischen Untertraubenbach und Laichstätt. Und eigentlich haben wir sie dem französischen Sonnenkönig Ludwig 14. zu verdanken, allerdings höchst indirekt. Doch dazu später mehr.

Warum pflanzt der Mensch eigentlich Alleen? Das hat sich sicher auch schon der ein oder andere Autofahrer gefragt, wenn die Bäume der Fahrspur durchaus mal bedrohlich nahe kommen.

Ursprünglich ging es um den Schutz der Reisenden. Da weder Pferde noch Kutschen über Klimaanlagen verfügen, war der Schutz vor der Sommersonne um einiges wichtiger als heute. Aber auch im Winter waren Alleen eine gute Hilfe: Bei starkem Schneefall war oft nur anhand der Alleen der Straßenverlauf überhaupt zu erkennen. Und vom Weg abzukommen, konnte übel ausgehen.

Dabei waren es nicht immer friedliche Gedanken, die zum Anlegen von Alleen führten. Napoleon zum Beispiel ließ in Frankreich und den besetzten Gebieten schnellwüchsige Pappelalleen zum Schutz seiner marschierenden Truppen pflanzen.

Doch diese Eichenallee hat weder Pferdefuhrwerke noch Soldaten beschirmt – sie wurde als barocke Prachtallee angelegt. Denn als Fürst konnte man durchaus mit Alleen angeben. Vorbild war dabei Ludwig der 14. Der französische Herrscher hatte ab 1662 mit kilometerlangen Anpflanzungen von insgesamt 75.000 Bäumen und Bäumchen im Schlosspark von Versailles die Latte hoch angelegt und den Modestandard für rund 100 Jahre gesetzt. Damit konnte Freiherr von Köckh im bayerischen Wald nicht konkurrieren. Aber immerhin hat es zwischen 1680 und 1700 für eine Eichenallee gereicht. Heute ist die ehemals akkurate Allee ein romantisch-verträumter Zauberweg unter uralten Eichen geworden. Unter den knorrigen Eichen, von denen keine der anderen gleicht, kann man sich verlieren. Einmal lugt ein Hase zwischen Stämmen hervor. Oder war es doch ein Zwerg?

Ich bin jedenfalls heilfroh, dass die adligen Herren seinerzeit preiswerte Stieleichen und nicht teuren Buchsbaum gepflanzt haben.

RÄUBER UND GENDARM

Ok, Robin Hood kennt jeder und zumindest Baumfreunden ist auch die berühmte Major Oak – die Rieseneiche in Sherwoodforest – bekannt. Der berühmte Gesetzlose soll sich unter ihr mit seinen Freunden versammelt haben. Der Oberpfälzer Räuber Heigl und die Räuber-Heigl-Linde in Gotzendorf bei Kötzting sind viel weniger bekannt. Dabei haben sie zwei unbestreitbare Vorteile: Erstens ist der Räuber Michael Heigl keine Sagengestalt wie der englische Bogenschütze in grünen Strumpfhosen, sondern hat von 1816 bis 1857 nachweislich gelebt, und zweitens hat er sich wohl tatsächlich nicht nur einmal in der damals schon hohlen Riesenlinde versteckt.

Überhaupt ist das Leben des Michael Heigl an sich schon fast ein Filmdrehbuch. Einer der Ärmsten der Bevölkerung wird wegen Arbeitslosigkeit verhaftet und gerät so auf die schiefe Bahn. Erwerbslosigkeit war im Bayern des 19. Jahrhunderts tatsächlich strafbar.

Während eines Polizeiverhörs flieht der junge Mann und es beginnt ein Leben auf der Flucht. Bald hat er einige Gefährten um sich geschart und wird zum gefürchteten Räuberhauptmann und romantischen Rebellen. Die Bevölkerung sympathisiert zunehmend mit ihm, groß ist der Spott darüber, wie er die strenge Obrigkeit an der Nase herumführt und in allerlei Verkleidungen seine Überfälle und Streiche begeht.

49.200329, 12.916673

Was hat das aber mit unserer knapp 400 Jahre alten Linde zu tun? Warum sollte sich ein gesuchter Verbrecher gerade in einem Baum mitten im Dorf verstecken? Das drehbuchreife Leben liefert die Antwort: Der Gesuchte verliebt sich Hals über Kopf in eine junge Gotzendorferin und muss bei seinen nächtlichen Besuchen neugierigen Blicken ausweichen. Die Unterstützung durch jene hohle Linde kann er da gut gebrauchen.

Kurze Zeit später waren übrigens keine gefährlichen Besuche in dem kleinen Dorf mehr nötig. Die junge Frau, bald bekannt als die „Rote Res", brennt

mit dem Räuber Heigl durch. Das Räuberpaar schafft es so endgültig, in die Schlagzeilen der Boulevardpresse zu kommen und wird weithin bekannt, Bonnie und Clyde im bayerischen Wald.

Heigl und seine Geliebte werden so bekannt, dass schließlich das Innenministerium Fahndungen riesigen Ausmaßes anordnet. Mehrfach gelingt es Michael Heigl noch, durch tollkühne Aktionen zu entwischen und sich in seine geheime Höhle am Kaitersberg zurückzuziehen. Doch die Lage wird immer aussichtsloser und dramatischer, hat Therese doch im Winter 1853 einen kleinen Sohn geboren. In einer Januarnacht gibt das Paar in einer verzweifelten Tat das gerade einmal fünf Tage alte Baby einer Bauernfamilie. Deren 10 Kinder sind alle verstorben. Dem verängstigten Bauern sagt der bewaffnete Fremde nur einen Satz: „Nimm es!“ Damit übergibt er ein wimmerndes kleines Bündel und wendet sich schnell ab. Der kleine Sohn überlebt und Nachfahren des berühmten Räubers leben noch heute.

Doch zurück in das schicksalhafte Jahr 1853. Am 17. Juni ist es dann soweit. In einer regnerischen Nacht werden Michael Heigl und seine Geliebte verhaftet.

Während die mittlerweile 22-jährige Therese zu zehn Jahren Zwangsarbeit verurteilt wird, schickt man den berühmten Räuber in lebenslange Kettenhaft. Diese währt allerdings nur wenige Jahre, denn schon 1857 wird Heigl von einem Mithäftling im Streit getötet.

So endet ein aufregendes Leben, über das die alte Linde sicher noch einiges erzählen könnte. Doch sie schweigt auch heute, genau wie damals, als sie dem verfolgten und verliebten Räuber Schutz bot.

Über 150 Jahre sind seitdem vergangen. Die Linde ist weitergewachsen und misst über 7 m Umfang. Der einst hohle Stamm ist in zwei Hälften geteilt, die wie im Tanz wirken, zusammengehalten von eisernen Ringen. Ein wildes verliebtes Paar, die Geliebte in ewiger Umarmung mit dem Räuber …

DAS GROSSE STERBEN

49.195446, 12.855159

Im Herbst 1347 erreichen einige Galeeren mit fiebernden Seeleuten Sizilien ... und tragen damit die Pest von Asien nach Europa. Jetzt geht alles ganz schnell: Bereits am 1. November 1347 – genau an Allerheiligen – bricht in Marseille und damit auf dem europäischen Festland die Pest aus. In den folgenden sechs Jahren überzieht die Seuche ganz Europa, fordert ungefähr 25 Mio. Todesopfer und geht als „Der schwarze Tod" in die Geschichtsbücher ein. In den folgenden Jahrhunderten flammt die Pest auch in der Oberpfalz immer wieder auf, zuletzt 1714 in Regensburg.

Manchmal erleben Bäume ein ähnlich schlimmes Schicksal: 1918 gelangt ein für Ulmen tödlicher Krankheitserreger aus Ostasien nach Holland. Von dort verbreitet sich der Verursacher der „Dutch elm disease" in Wellen über ganz Europa, lässt allein in England 20 Mio. Ulmen absterben und hat unsere größte einheimische Ulmenart, die Bergulme, an den Rand des Aussterbens gebracht. Deshalb freue ich mich darauf, die riesige Bergulme in Haus bei Bad Kötzting zu sehen. Oder sollte ich besser schreiben, noch lebend anzutreffen?

Leider ist auch diese Ulme vom Ulmensterben gezeichnet. Ihre riesige Krone wirkt herbstlich, ist für Mitte August viel zu licht. Bei chronischem Krankheitsverlauf können die Bäume noch Jahre leben. Ich hoffe, dass dieser seltene Baum auch in den nächsten Jahren noch austreiben wird. Immerhin gehört die rund 150 Jahre alte Ulme mit einer Höhe von rund 30 Metern zu den größten ihrer Art.

Übrigens: Im Gegensatz zur Pest erreicht 1928 das Ulmensterben durch den Export von infizierten Holzstämmen auch die USA, vernichtet einen Großteil der amerikanischen Ulmenarten und verursacht dort forstwirtschaftliche Schäden in Milliardenhöhe.

INDIAN SUMMER

49.272243, 12.530828

Oktober – Altweibersommer, Herbst … und ganz ehrlich, wenn die Nächte kühl und die Tage sonnig sind, dann kann es die Herbstfärbung unseres einheimischen Spitzahorns mit der seines Cousins aus Kanada problemlos aufnehmen. Ein waschechter Zuckerahorn ist auch nicht bunter.

Obendrein sind sich die beiden Ahornarten in ihrer Blattform so ähnlich, dass der Europäer nicht einmal in der Flagge Kanadas auffallen sollte.

In diesem Sinne: Indian Summer im romantischen Schlosspark Stamsried – am 15. Oktober bei 25 Grad Celsius und unter einigen der stärksten Spitzahornbäume Deutschlands. 3,66 Meter Umfang sichern dem eleganten Riesen mit den geschwungenen Ästen einen Platz unter den 20 größten Spitzahornbäumen Deutschlands.

WOLFRAM UND DIE LINDE

49.202479, 12.824550

Diese uralte Linde hat mich bei meinem ersten Besuch wirklich überrascht, hatte ich aufgrund ihres Alters doch eher eine Ruine erwartet: einen Schatten ehemaliger Größe, eine bemitleidenswerte Greisin, die mit Hilfe von Stahlstützen irgendwie noch am Leben gehalten wird.

Wie hatte ich mich getäuscht. Die Wolframlinde ist eine der berührendsten Linden, die ich erlebt habe. Ihr riesiger Stamm ist seit Jahrhunderten hohl, bietet zahlreiche Zugänge ins Innere und ist übersät von Knollen, Strängen und herauswachsenden Märchenfiguren, die entdeckt werden wollen. Dazu passt es, dass sich zahlreiche große und kleine Legenden um die ehrwürdige Linde ranken: Der berühmte Dichter Wolfram von Eschenbach soll Anfang des 13. Jahrhunderts Teile seines Parzival hier niedergeschrieben haben. Und angeblich habe er es bei der Gelegenheit nicht versäumt, der schönen Gräfin Elisabeth von Burg Haidstein den Hof zu machen. Ob das wahr ist? Wir wissen es nicht, auch wenn sich im Parzival eine mysteriöse Dame von Burg Haidstein findet. Und ist der gewaltige Baum mit über zwölf Metern Stammumfang tatsächlich 1000 Jahre alt, wie es heißt? Experten gestehen der

Die Wolfram-Linde im Bayer. Wald

Sommerlinde maximal 800 Jahre zu. Infolgedessen dürfte Dichterfürst Wolfram das damals halbwüchsige Bäumchen auch kaum bemerkt haben, im Gegensatz zu einem Leinweber, der Jahrhunderte später seinen ganzen Webstuhl im hohlen Stamm aufgestellt haben soll.

Was wir sicher wissen, ist, dass die Linde auch mit 800 Jahren zu den zehn ältesten und dicksten Bäumen Deutschlands gehört und dass sie eine unbändige Überlebenskraft zeigt. 1950 hat ein Sturm ihre Krone fast völlig zerstört und 1967 wurde die Linde nach damaligem Wissensstand fachgerecht saniert. Tiefendüngung und Freistellung haben ihr sicher gut getan, andere Maßnahmen, wie das großzügige Abdrexeln des morschen Holzes, haben den Pilzbefall erst richtig gefördert. Die Wolframslinde hat auch das überlebt und ist gerade dabei, die aufgetragenen Baumwachsschichten wieder loszuwerden. Besucher dagegen lässt die urtümliche Linde kaum mehr weg und verführt dazu, sie aus immer neuen Blickwinkeln zu entdecken und dabei jegliches Zeitgefühl zu vergessen. Hat man obendrein die Kamera dabei, staunt man zu Hause, wie viele schöne Bilder auf der Speicherkarte zu finden sind und wie vital die uralte Linde ist. Ihre gerade einmal dreizehn Meter hohe Krone ist dicht belaubt und die Linde wirkt, als wäre das 21. Jahrhundert noch lange nicht ihr letztes.

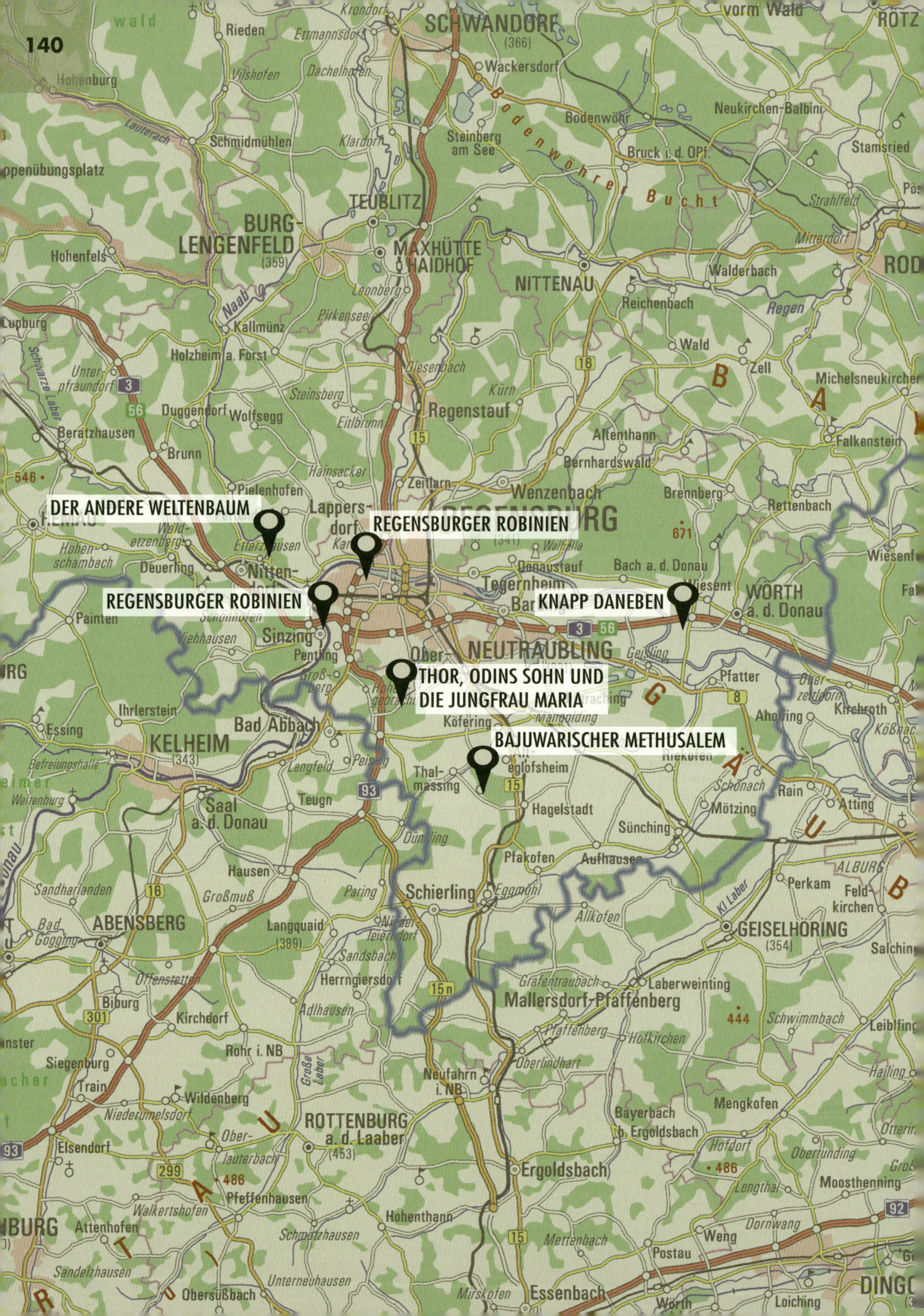
DER ANDERE WELTENBAUM
REGENSBURGER ROBINIEN
REGENSBURGER ROBINIEN
KNAPP DANEBEN
THOR, ODINS SOHN UND DIE JUNGFRAU MARIA
BAJUWARISCHER METHUSALEM
SCHWANDORF
BURG-LENGENFELD
TEUBLITZ
MAXHÜTTE HAIDHOF
NITTENAU
Regenstauf
NEUTRAUBLING
WÖRTH a. d. Donau
KELHEIM
Bad Abbach
Saal a. d. Donau
ABENSBERG
Schierling
Mallersdorf-Pfaffenberg
GEISELHÖRING
ROTTENBURG a. d. Laaber
Ergoldsbach
Essenbach
Sinzing
Hagelstadt
Neufahrn i. NB

LANDKREIS REGENSBURG

DER ANDERE WELTENBAUM

49.031745, 11.986646

In der Baumgeschichte über die alten Eschen im Landkreis Tirschenreuth ist von der germanischen Weltenesche Yggdrasil die Rede. Was hat eine rund 220 Jahre alte Eibe im Schlosspark Etterzhausen damit zu tun?

Mit einem Umfang von 3,63 Metern gehört die dickste Eibe der Oberpfalz zwar zu den zehn größten Eiben Deutschlands, aber tritt, verglichen mit turmhohen Rieseneschen, doch eher bescheiden auf.

Und doch dürfte der immergrüne Weltenbaum unserer germanischen Vorfahren eine Eibe wie diese und keine Esche gewesen sein. Heute geht die Sprachforschung davon aus, dass der Name Yggdrasil als „Eibensäule" übersetzt werden kann. Der Baum, in dem Odin seine Visionen empfangen hat, gehört zur gleichen Baumart, die bei Griechen und Römern den Weg zum Totenreich säumt und die bei den Kelten die Welt der Lebenden und der Toten verbindet. Vielleicht stehen deshalb auf alten Friedhöfen oft große Eiben? Und geben dort Rätsel auf, weil auch die moderne Forschung keine zuverlässige Antwort geben kann, wie alt unsere Eiben eigentlich sind und werden. Dem Eibenurvieh von Balderschwang im Allgäu gesteht man bis zu 2000 Jahre zu – damit wäre sie der älteste Baum Deutschlands.

Und ob der Eibenzwerg von Xanten wirklich 1000 Jahre alt ist, kann nicht widerlegt werden. Heute steht er mitten auf dem Bürgersteig vor der Polizeiwache und ist nicht einmal halb so dick wie unsere Etterzhausener Eibe vor den Toren von Regensburg.

Schon beginnt mir die wunderschöne Eibe ein wenig rätselhaft zu werden: 1801 wurde der Schlosspark als Landschaftsgarten umgestaltet und dabei wurde wohl die Eibe gepflanzt … oder wurde eine vorhandene Eibe in den Park integriert? Die ältesten Teile des Schlosses stammen aus dem 16. Jahrhundert und die ersten Ritter hausten dort nachweislich schon im 13. Jahrhundert …

Wir werden der älteren Etterzhausener Dame (nur die weiblichen Bäume tragen rote „Beeren") ihr Geheimnis wohl lassen müssen und können hoffen, dass sie ihren gesunden Wuchs noch viele Jahrhunderte behält und noch lange ihre Besucher in das dämmrige Zelt ihrer riesigen Krone einlädt.

Sinzing in der Bahnhofstraße nahe am Brückenpfeiler der Sinzinger Autobahnbrücke:
48.996442, 12.034073

REGENSBURGER ROBINIEN

In Regensburg an der Gabelung zwischen Theodor-Körner-Straße und Schillerstraße:
49.019993, 12.077172

Regensburger Robinien – nicht dass es in Regensburg keine alten wunderschönen Kastanienbäume oder Buchen gäbe. Aber die Robinien in Regensburg sind einfach etwas Besonderes.

So wie diese in der Theodor-Körner-Straße, von den Regensburgern liebevoll Puchta-Robinie genannt, in Erinnerung an die Regensburger Anwältin Elisabeth Puchta. Robinien werden nicht so riesig wie etwa Eichen oder Linden, deshalb ist dieser Baum älter, als es auf den ersten Blick aussieht, wenn auch sicher nicht über 300 Jahre. Warum das so sicher ist? Erst im 16. Jahrhundert hat der Hofgärtner von Ludwig XIII. erstmals zwei kleine Robinien aus Virginia über den Atlantik geholt. Diese beiden ersten Robinien auf europäischem Boden stehen noch heute in Paris. Alle anderen europäischen Robinien sind viel jünger.

Die Robinien in der Bahnhofstraße in Sinzing scheinen von Verkehr und Städtebau schwer bedrängt. Klein und fast zerbrechlich wirken die knorrigen Bäume neben den monströsen Pfeilern der Sinzinger Autobahnbrücke. Aber sie durften stehen bleiben, als zwischen 1961 und 1966 die knapp ein Kilometer lange und fast 50 Meter hohe Brücke gebaut wurde.

Und doch haben Robinien und Stadt eine ganz eigene gemeinsame Geschichte: Es ist die Geschichte von Krieg, Bomben, Trümmern und Wiederaufbau. Weil die Robinie auf trockenen Schutthalden schneller wächst als andere Bäume, hat sie nach 1945 in den zerstörten Städten ganze Robinienwälder gebildet und damit wieder Grün in das Grau der Trümmer gebracht. Noch heute wachsen im Berliner Umland sowie in Dresden und Leipzig stadtnahe Robinienwälder. Manche davon sollen als Natur-Zeitzeugen unter Schutz gestellt werden.

Im Mai wirft die Robinie dann einen lichten Schatten und die Bienen freuen sich über die schönen weißen Blüten und liefern uns den leckeren Akazienhonig, der korrekt Robinienhonig heißen müsste.

BAJUWARISCHER METHUSALEM

48.901835, 12.182565

600 Jahre? 800 Jahre? Oder doch 1000 Jahre, wie die Legende sagt?

Niemand weiß, wie alt die riesige Sankt-Wolfgangs-Eiche bei Schloss Haus in Thalmassing wirklich ist.

Schon im Mittelalter soll hier der heilige Wolfgang gepredigt haben und zwar von dem auffallenden waagrechten Ast aus. Heute jedenfalls ist die Stieleiche mit einem Umfang von gewaltigen 10 m die dickste und vielleicht auch älteste Eiche in Bayern. Einiges hat der mächtige Baum schon erlebt – mindestens zweimal brannte er: 1878 und zuletzt am 31.10.1909 – genau am Namenstag des Heiligen Wolfgang.

Ehrfurchtsgebietend und mächtig wirkt sie dennoch und durchaus vital. Und doch hat die Eiche in ihrer Ausstrahlung etwas von einem sehr alten Leben. Als hätte sie schon zu viel gesehen und wäre einsam geworden in einer Welt, die schon lang nicht mehr ihre ist.

Den Menschen ist sie wirklich ans Herz gewachsen. Bis zur Mitte des vergangenen Jahrhunderts war es zum Beispiel Aufgabe des Gärtnergehilfen von Schloss Haus, jeden Arbeitstag damit zu beginnen, zur Sankt-Wolfgangs-Eiche zu gehen und zu sehen, ob es dem alten Riesen gut gehe. Diese Achtsamkeit im Leben mit alten Bäumen wünsche ich allen Baumveteranen und allen Menschen. Nicht nur Gärtnergehilfen.

KNAPP DANEBEN

Lag ich, als ich im Vorfrühling 2021 die ersten Bäume für mein Buch „Faszinierende Bäume in Niederbayern“ besuchen und fotografieren wollte. Ja, ich oute mich hier in aller Demut: Ich hatte angenommen, dass die alten Linden an der wunderschönen Kapelle bei Kiefenholz im Landkreis Straubing-Bogen und damit in Niederbayern liegen würden. Alle Bürgerinnen und Bürger von Wörth an der Donau und ganz besonders die der Gemeinde Kiefenholz mögen mir verzeihen.

Hätte ich das Buch vor Beginn des 19. Jahrhunderts geschrieben, wäre der Fehler leicht zu vermeiden gewesen. Erstens existierten damals Landkreise im heutigen Sinn noch gar nicht und zweitens wechselte die herrschaftliche Zuständigkeit für die Gegend um die schöne Kapelle so häufig, dass heute niemand mehr sagen kann, ob die imposanten Linden unter einem Markgraf von Brandenburg oder in einem der zahlreichen Wittelbacher Teilherzogtümern gepflanzt wurden. Mit der Ausrufung des Königreichs Bayern im Jahre 1806 wurde es übersichtlicher: Ein Vorläufer des heutigen Regierungsbezirks Oberpfalz, der königlich bayerische Kreis Regen, entstand. Der umfasste noch Teile Niederbayerns, sogar seine Hauptstadt war für einige Jahre Straubing, ehe sie 1810 von

Regensburg abgelöst wurde. Die malerischen Kapellenlinden wuchsen jetzt jedenfalls zweifelsfrei im Regenkreis. 1817 wurde die Zahl der königlichen Kreise verringert und dafür der Regenkreis in Richtung Norden vergrößert: Der heutige Regierungsbezirk Oberpfalz begann Gestalt anzunehmen. 1837 kann als seine Geburtsstunde gesehen werden: Nach einer neuerlichen Gebietsreform wurde durch seine Majestät, König Ludwig I. von Bayern, kraft königlicher Verordnung der Regenkreis umbenannt in „Kreis Oberpfalz und Regensburg". Für die nächsten knapp 100 Jahre änderte sich wenig, dann brachen nicht nur für den Kreis Oberpfalz und Regensburg dunkle Zeiten an. In der NS-Zeit wurden die Oberpfalz, Niederbayern und Oberfranken zum Gau Bayerische Ostmark zusammengefasst. Eine neue 275 km lange Straße, die Ostmarkstraße, verband nun Hof mit Passau.

1946 stellte man die alten Kreise in den Grenzen von 1932 wieder her. Zehn Jahre sollte es noch dauern, bis die verwaltungsmäßige Trennung zwischen Niederbayern und der Oberpfalz endgültig vollzogen war.

Die mächtigen Linden dürfte das alles wenig interessieren. Sie schmücken seit Jahrhunderten die kleine Kapelle und haben gerade in den letzten 100 Jahren Bedrohlicheres überlebt als wechselnde Namens- und Besitzverhältnisse: Die intensiven Erdarbeiten im Zuge der Regulierung der nahen Donau, der Bau der Autobahn A3 oder die Intensivierung der Landwirtschaft haben die Umgebung von Kiefenholz stark geprägt und doch die alten Linden stets verschont. Das macht auch für die nächsten 100 Jahre Hoffnung.

48.947986, 12.105829

THOR, ODINS SOHN, UND DIE JUNGFRAU MARIA

Thor war nach Odin der mächtigste und gefürchtetste unter den nordischen Göttern. Furchterregend war die Vorstellung wie Thor oder Donar, so hieß er bei den kontinentalen Germanen, mit seinem Wagen donnernd über die Wolken fährt, mit eisernen Handschuhen nach seinem mächtigen Hammer „Mjölnir" greift und alle Feinde zermalmt.

Kein Wunder, dass gerade Thor zum Wettergott wurde, zum Gebieter über Blitz, Donner und Sturm.

Und es passt ins Bild, dass unsere germanischen Vorfahren gerade die Eiche diesem einschüchternden Gott weihten. Vielleicht geschah das, weil Eichen so groß und alt werden. Vielleicht auch, weil das Zickzack-Muster kahler Eichenäste selbst an die Form von Blitzen erinnert. Die Biologie begründet die unruhig wirkende Gestalt von Eichenästen übrigens damit, dass beim Längenwachstum eines jungen Eichenzweigs stets eine Seitenknospe und nie die Endknospe am stärksten wächst.

Mir persönlich drängt sich noch eine ganz andere Deutung für die mythologische Verbindung von Eiche und Donnergott auf. Mit der gewaltigen Bildeiche bei Nußhof im Landkreis Regensburg treffe ich auf einen Baum, der von Blitz oder Sturm gezeichnet wurde, so als wäre Thors Hammer selbst hineingefahren und hätte den gewaltigen, am Boden liegenden Ast abgetrennt. Und doch ist die über sieben Meter Stammumfang messende Eiche lebendig und trotzt den Elementen – als wollte die Stieleiche dem Donnergott stolz entgegnen: „Ich fürchte Deine Blitze und Deine Stürme nicht und halte ihnen stand. Ich bin Dir an Kraft ebenbürtig." Tapferkeit und Mut wurden von Thor in den alten Mythen stets honoriert. Vielleicht wurde durch einen Baum wie diesen die Eiche zu Thors Baum.

Als das Christentum die heidnischen Religionen unserer Vorfahren abzulösen begann, war kein Raum mehr für die Symbolik von animalisch archaischer Kraft, wie sie die Eiche verkörperte. Donar-Eichen wurden entweder demonstrativ gefällt oder im Sinne der Kirche umgedeutet. In gewisser Weise hält das bis heute an, sodass auch diese monumentale Eiche in ihrer düsteren Stammhöhlung eine Marienfigur beherbergt.

Ganz ehrlich, ich liebe und respektiere Bildstöcke, Feldkreuze und andere religiöse Kleindenkmäler, aber wird man der Ausstrahlung dieser gewaltigen Eiche wirklich gerecht, indem man sie zum Marterl macht?

DIE KAPELLE UND DER BÖSE WOLF
TOTGESAGTE LEBEN LÄNGER
HERR DER BERGE
DER ZAHN DER ZEIT
VATERTAG UNTER DEN LINDEN – EICHE
VATERTAG UNTER DEN LINDEN – LINDENGRUPPE
KREUZLINDE VON RAITENBUCH
HERSBRUCK
SULZBACH-ROSENBERG
RÖTHENBACH a.d.Pegnitz
AMBERG
ALTDORF b.Nürnberg
Feucht
Allersberg
NEUMARKT i.d.OPf.
VELBURG
FREYSTADT
PARSBERG
BERCHING
GREDING
BEILNGRIES
DIETFURT a.d. Altmühl
HEMAU
RIEDENBURG
KELHEIM
NEUSTADT a.d.Donau
ABENSBERG
Kösching
Gaimersheim
Main-Donau-Kanal
Truppenübungsplatz

LANDKREIS NEUMARKT IN DER OBERPFALZ

KREUZLINDE VON RAITENBUCH

49.077637, 11.509124

„Als Aufenthaltsort der Geister sind Weggabelungen magische Orte, wo unter bestimmten Bedingungen, zum Beispiel um Mitternacht oder nach beschwörenden Ritualen, der Zauber obwaltet, sei es, dass man hier durch Belauschen der Geister Verborgenes oder Zukünftiges erkennt, ... oder den Geistern Verstorbener begegnet."

So ist es im Handwörterbuch des Deutschen Aberglaubens aus dem Jahr 1927 zu lesen. Vielleicht lag es an der beginnenden Dämmerung, vielleicht an der einsamen Weggabelung, vielleicht auch an dem alten schmiedeeisernen Kreuz im hohlen Inneren der Linde. Ich weiß es nicht, jedenfalls gruselte es mich etwas, als ich kurz vor Sonnenuntergang die allein stehende gewaltige Kreuzlinde aufsuchte. Der weithin offene zugige Platz wirkte wenig einladend und die dunkle Öffnung im Stamm hatte etwas von einem Grab. Hatte man nicht jahrhundertelang Hingerichtete und Selbstmörder an Wegkreuzungen auf freiem Feld begraben, damit sich ihre ruhelosen Seelen nach dem Tod verirren?

Viel mehr als ich das kenne, trieb meine Fantasie dort seltsame Blüten. Und das sogar noch auf der längeren Rückfahrt. Ich war schon eine Weile unterwegs, ließ den Besuch in Gedanken Revue passieren und musste leicht schmunzeln, weil ich, um die Öffnung besser fotografieren zu können, Holunderäste entfernt hatte. „Holunder hält böse Geister davon ab, die Schwelle zu übertreten", glaubte man früher und so pflanzte man Holunder am Eingang des Hauses. Reichlich unerwartet erschauderte ich und zwar nicht wenig. „Ich habe den Holunder entfernt, jetzt ist die Pforte frei! Was immer dort ist, kann nun heraus!" Dieser reichlich absurd wirkende Gedanke hat mir eine heftige Gänsehaut beschert und so schnell hab ich ihn nicht wieder aus dem Kopf bekommen.

Ja, ja, ich habe für alle vollstes Verständnis, die beim Lesen den Kopf schütteln und sich jetzt fragen, ob der Herr Baumgeschichten etwas überspannt ist, oder einfach zu viele Gruselfilme gesehen hat.

Keinesfalls will ich diese wunderschöne Sommerlinde in schlechtes Licht rücken. Mit einem Umfang von 11,50 Metern ist sie eine der größten Linden Deutschlands. Und zudem von einer so jugendlich-zeitlosen Kraft und Vitalität, wie ich sie bei einer so riesenhaften Linde noch nie angetroffen habe.

Wer weiß, vielleicht suche ich den außergewöhnlichen Baum einfach mal bei hellem Sonnenschein auf, oder doch lieber an einem nebligen Novembertag ...?

Moose haben vor rund einer halben Milliarde Jahren noch ganz andere Sachen fertig gebracht, als sich an Baumrinde festzuhalten: Sie waren die ersten Landpflanzen. Auf kahlen Felsen, an den Küsten der Urozeane begann mit ihnen die Eroberung des ungemütlichen, wüstenähnlichen Festlandes.

Wir Menschen hätten den ersten Moosen nicht lange beim Wachsen zusehen können. Der Kohlenstoffdioxidgehalt der Atmosphäre war unvorstellbare 20-mal höher als heute, dafür enthielt sie nur halb so viel Sauerstoff. Schon nach einigen Atemzügen wären wir bewusstlos umgefallen, aber dabei völlig sicher vor gefährlichen Tieren gewesen. Tiere haben erst 150 Millionen Jahre nach den Pflanzen zaghaft das Wasser verlassen und schon stille, fremdartige Wälder vorgefunden. Inzwischen hatten die Landpflanzen den Planeten verwandelt.

Den Anfang machten die unscheinbaren Moose. Kein Wunder, dass es diesen Pionieren des Lebens auch heute leicht fällt, auf Dachziegeln oder eben an alten Ahornstämmen zu wachsen.

HERR DER BERGE

Herr der Berge, so nennt man respektvoll den einheimischen Bergahorn, die größte Ahornart der Welt. Der Riese in Ollertshof bei Neumarkt wächst allerdings nicht in den Schluchtwäldern der Alpen auf Höhen bis 1700 Meter, sondern auf einer Höhe von knapp über 400 Metern. Das ist für einen monumentalen Bergahorn fast untypisches Tiefland.

Typisch für alte, gesunde Bergahornbäume sind dagegen die zahlreichen Moose, die auf ihrer Rinde wachsen. Man weiß nicht, warum sich die harmlosen Rindenbewohner gerade auf Bergahorn so wohl fühlen. Moose benötigen keinen Boden, ohne jeden Erdboden, senkrecht am Stamm festgekrallt, gedeihen sie. Das ist wirklich eine Leistung.

Bergahornstämme sind allerdings nicht nur bei Moosen begehrt. Auch Furnierholzunternehmen zeigen großes Interesse am astfreien Bergahorn. Wenn das Holz obendrein einen sogenannten Riegelwuchs zeigt – ein streifenförmiges Quermuster im Holz, senkrecht zur Maserung – dann wird Ahornholz richtig teuer: Ein ungefähr 75 Zentimeter dicker und gut 8,50 Meter langer Bergahornstamm brachte es im Jahre 2012 sogar zum Titel „teuerster Baum Europas“. Immerhin 61.537 Euro mussten vom Furnierwerk bezahlt werden. Übrigens wurden die obersten 1,20 Meter des Stammes zu Geigenböden verarbeitet, während der Rest als Furnier das Innere einer Moschee in Katar auskleidet. So

49.280767, 11.586797

hochwertig das Holz auch verarbeitet wurde, ich kann mich des Gedankens nicht erwehren, dass wir momentan mehr davon hätten, wenn der mittlerweile über 140 Jahre alte Bergahorn noch leben würde.

Deshalb freue ich mich umso mehr, in Ollertshof den Herren der Berge gesund und vital anzutreffen und nicht nur noch sein Holz im Konzertsaal oder im Inneren von Sakralbauten.

TOTGESAGTE LEBEN LÄNGER

Wenn man vor der imposanten Eiche von Eichenmühle steht, dann kann man sich kaum vorstellen, dass es in den 80er Jahren sehr danach aussah, als wäre das Leben dieser alten Eiche dabei, zu Ende zu gehen: Teile der stark ausgelichteten Krone waren abgestorben und der Baum bot ein trauriges Bild.
Heute wirkt die Stieleiche, sie ist mit einem Stammumfang von rund sieben Metern immerhin die dickste Eiche im Landkreis Neumarkt, vital und kräftig. Warum es der Eiche zeitweise so schlecht ging, wissen wir nicht. Hatten Erdarbeiten die Wurzeln beschädigt? Hatte sich die Wasserführung im Boden geändert? Oder wurde sie, wie so viele Eichen, einmal vom Blitz getroffen? Eine verwachsene, kaum mehr erkennbare Blitzrinne deutet vielleicht darauf hin.

Zwischen Eichen und Blitzen scheint es eine besondere Beziehung zu geben. Werden Eichen womöglich überdurchschnittlich oft vom Blitz getroffen? Immerhin heißt es ja sogar im Volksmund: „Vor Eichen sollst du weichen, Buchen sollst du suchen."

Hätte jetzt der Blitz eine Buche genauso getroffen? Ja, höchstwahrscheinlich, denn bei einem Gewitter ist das Einschlagsrisiko allein von der Baumhöhe und nicht von der Baumart abhängig.

49.293889, 11.461389

Richtiger müsste es also heißen: „Vor den Eichen sollst du weichen und die Fichten wähl mitnichten, auch die Weiden musst du meiden; Buchen, Ahorn, Vogelbeer, wähl sie alle nimmermehr und so weiter." Mit genügend dichterischer Kreativiät gesegnet, ließe sich die Liste endlos fortsetzen.

Woher aber kommt der eigenartige Warnspruch? In alter Zeit hießen Sträucher und Büsche Bukken. Man sollte also bei einem Gewitter in den niedrigen Büschen Schutz suchen und sich keinesfalls unter hohe Bäume wie zum Beispiel Eichen stellen.

Erst durch Sprachwandel wurde dann aus dieser naturverbundenen Weisheit lebensgefährlicher Blödsinn.

Noch Anfang des 20. Jahrhunderts wurden in Deutschland rund 300 Menschen jährlich vom Blitz getroffen, meistens während der Feldarbeit. Heute sind noch ca. 50 Blitzopfer im Jahr zu beklagen – jeder Vierte überlebt den Blitzunfall nicht. Übrigens werden die meisten der Opfer gar nicht direkt vom Blitz getroffen, sondern von Bodenströmen, die sich bis zu 200 Meter von der Einschlagstelle – oft einem einzeln stehenden Baum – ausbreiten.

49.382416, 11.500538

DIE KAPELLE UND DER BÖSE WOLF

Es ist gar nicht so selten, dass in der von alters her dicht bewaldeten Oberpfalz alte Kapellen an das Aufeinandertreffen von Mensch und Wolf erinnern. Die überlieferten Geschehnisse sind sich dabei meist recht ähnlich: Durch einen Wolf gerät ein Mensch in höchste Lebensgefahr und erfährt mehr oder weniger wundersame Rettung, die in aller Regel mit dem Tod des Wolfs einhergeht. Mir fällt beispielsweise die bekannte Wolfschützenkapelle am Truppenübungsplatz Grafenwöhr ein.

Eines haben diese Wolfskapellen alle gemeinsam – sie sind alt, denn bereits um 1750 war der Wolf auf dem Gebiet der heutigen Bundesrepublik weitgehend ausgerottet. Und so verwundert es mich nicht, dass die Freiberg-Kapelle an ein Ereignis erinnert, das sich bereits im 30-jährigen Krieg ereignete: Ein Metzger wurde auf dem nächtlichen Heimweg von einem Wolfsrudel überrascht und überlebte der Überlieferung nach, weil er den Wölfen seinen (mit Knochen und Fleisch gefüllten) Rucksack überließ. Dieses eine Mal hatten Mensch und Wolf Glück, die Ausnahme in einer Zeit, in der jedes Jahr mehrere Tausend Wölfe erschossen, vergiftet und mit Fallen systematisch zur Strecke gebracht wurden.

Diese Zahlen machten mich nachdenklich, als ich vor der Freiberger Marienkapelle stand und die beiden riesigen, wohl 1712 gepflanzten Sommerlinden bewunderte. Hätten unsere Vorfahren pro getötetem Wolf eine Linde gepflanzt, unser Land wäre voll mit mehrhundertjährigen Baumveteranen.

Heute wissen wir nicht mehr genau, warum die Menschen seit dem Mittelalter den Wolf gar so fürchteten und gnadenlos verfolgten. In den Jahrhunderten zuvor waren sich Wölfe und Menschen weitgehend aus dem Weg gegangen. Wahrscheinlich war es der Übergang zur Waldweide, der das Verhältnis zum Wolf entscheidend veränderte: Das Vieh wurde in eichen- und buchenreiche Hutewälder getrieben, um sich dort selbst das Futter zu suchen. Zusammenstöße mit Wolfsrudeln waren dadurch unvermeidlich und das Vieh war für die Wölfe eine leichte Beute. Das konnte das Überleben ganzer Bauernfamilien gefährden. So wurde der Wolf zum bösen Wolf.

Jahrhunderte sind vergangen, Waldweiden sind längst Geschichte und Wolfsrudel kehren zaghaft in unsere Wälder zurück, ohne dass die scheuen Tiere je einen Menschen angegriffen hätten. 2017 ist sogar in Bayern erstmals wieder ein Wolf in Freiheit geboren. Das wäre doch ein schöner Anlass, eine Kapelle zu errichten und davor eine Linde zu pflanzen, um daran zu erinnern, dass wir heute unsere weidenden Schafe und Rinder auch schützen können, ohne den Wolf ein zweites Mal auszurotten.

DER ZAHN DER ZEIT

Einfach war es nicht, durch ein Gewirr von Sträuchern und Ästen zum zersplitterten, von Stürmen zerfetzten Stamm der alten Linde von Höhenberg vorzudringen. Mit einem Stammumfang von knapp 8 Metern ist die alte Riesin immer noch gewaltig, obwohl von der einst ausladenden Krone so wenig erhalten geblieben ist, dass diese das umgebende Dickicht kaum überragt. Zuletzt hat 2015 ein Sommerunwetter fast alle Starkäste aus der Krone gebrochen.

Auch ich wäre an dieser leicht verwahrlost wirkenden Großstrauchgruppe wohl achtlos vorbeigefahren, wenn mich mein Freund Christian Wolf nicht auf den verborgenen Baumschatz aufmerksam gemacht hätte.

Was jetzt im Dämmerlicht der Äste wie ein vergessenes Baumheiligtum wirkt, war vor über 100 Jahren eine mächtige Großlinde an einer markanten Wegkreuzung. Auf einer alten Fotografie aus dem Jahr 1918 ist die Linde imposant mit Wegekreuz in Szene gesetzt. Fasziniert bin ich von einer unbekannten Dame auf dem alten Bild. Wer hat sie neben der Linde fotografiert? Vielleicht ihr Bräutigam? Wie ist das Leben dieser Frau weitergegangen? Hat sie den Weltkrieg überlebt? Ist sie jung gestorben oder hochbetagt, als aus den beiden deutschen Staaten wieder einer wurde? Nicht zum ersten Mal behalten Platz und Baum ihre Geheimnisse.

Diese Linde streut obendrein noch weitere Rätsel. Auf einer Karte aus dem Jahre 1820 ist nahe der Linde noch ein „Leichenweg“ eingezeichnet. Ein befremdlicher Name für einen Weg, der bis zum heutigen Tag existiert und zu einem Ort führt, den es vor 200 Jahren noch gar nicht gab.

49.273771, 11.496658

Eines zumindest ist sicher: 2021 hätte sich die Dame wohl nicht wie ich zum Stamm durchgearbeitet. Mit weitem Rock im Unterholz hängen zu bleiben, galt garantiert als höchst unschicklich.

VATERTAG UNTER DEN LINDEN

EINE GASTGESCHICHTE VON LEA SIMONE BOGNER

Vatertag zu feiern im Lockdown war wenig inspirierend. Restaurants, Ausstellungen, Konzerte – konsequente Fehlanzeige. Doch allen Umständen zum Trotz wollte ich Jürgen einen latenten Dauerwunsch erfüllen: Ihm einen tollen Baum zeigen, den er noch nicht kennt. Zugegebenermaßen nicht allzu abwegig für die Lebensgefährtin eines Baumgeschichten-Schriftstellers. Guter Rat war erst mal teuer. Jetzt, nachdem Jürgens erstes Buch über Oberpfälzer Bäume gerade erschienen war und das Terrain von ihm selbst gründlich abgegrast zu sein schien. Entsprechend hoch lag also die Latte, aber unsere Kinder und ich waren ebenso begeistert wie hochmotiviert!

Ich dachte nach und recherchierte. Einige Namen von Jürgens Baumfreunden waren mir bekannt, und einer schien mir genau der Richtige: Christian Wolf. Ich suchte ihn auf Facebook und schrieb ihn an:

Lieber Christian! Jürgen und ich genießen ganz oft Deine Beiträge auf Facebook – schön, auf diese Weise bereits Deine Bekanntschaft gemacht zu haben! Nun wende ich mich heute überraschend an Dich mit einer Frage: Morgen feiern wir Vatertag. Jürgen hat sich für diesen Tag gewünscht, dass wir zu einem wunderschönen alten Baum fahren, den er noch nicht kennt. Nun dachte ich, da Du ja Experte bist und auch Jürgen und seine Baumgeschichten schon gut kennst, dass Du möglicherweise eine Idee hast, wo wir ihn hinführen könnten. Am schönsten wäre es, wenn er keine Ahnung von dem Baum hat und sich so richtig über eine neue Entdeckung freuen kann. Hast Du da eine heiße Fährte bzw. vielleicht sogar GPS-Daten für mich? Für Tipps wäre ich Dir sehr, sehr dankbar. Du bist auch herzlich eingeladen, uns dort zu treffen, solltest Du Lust und Zeit haben! Jürgen würde sich bestimmt sehr freuen, Dir auf diese Weise einmal persönlich zu begegnen! Mit herzlichen Grüßen, Lea

Christian Wolf

Liebe Lea,
heute wollte ich nachfragen, ob wir uns mal treffen können. Nun hat sich das schneller ergeben. Ich würde für morgen vorschlagen, dass wir uns bei mir in Neumarkt treffen. Ich kann euch eine zwei Meter starke Eiche zeigen, eine schöne Lindengruppe und wenn die Zeit reicht, muss ich mir noch etwas einfallen lassen. Das wäre von Neumarkt ca. 10 bis 15 km entfernt. Vielleicht könnt ihr bis 12 Uhr bei mir vorbeikommen. Sollte die Zeit nicht passen, bitte Vorschläge schicken. Ich freue mich auf Euer Kommen. Herzliche Grüße, Christian

Gebongt! Der Typ ist spontan – wie cool! Wir waren in heller Aufregung. Also verkündete ich Jürgen, um seine Erwartungen zu verwirren: „Ich kann Dir in puncto Bäume eh nix Neues zeigen, was Du nicht kennst, wir haben uns aber etwas RICHTIG Besonderes ausgedacht, auf das du nie selber kommen würdest!" Er zog in seiner für ihn typischen Weise eine Augenbraue hoch und lächelte dann. Es war ok, Überraschungen gehören eindeutig zu seinen Leibspeisen.

Los ging's. Das Picknick war gut versteckt im Auto, die Kinder saßen auf

Alte Lindengruppe bei Rocksdorf:
49.191328, 11.428136

der Rückbank aufgereiht, das Navigationssystem meines Handys war auf lautlos und auf unser Ziel programmiert, Jürgen musste nur noch losfahren. Er wusste nicht, wo es hingehen würde – eine Fahrt ins Blaue.

Wir waren schon eine Weile unterwegs, da meinte Jürgen: „Wir verlassen langsam die Gegenden, in denen ich mich auskenne, in diesem Eck bin ich eigentlich nie.“ Das fand ich als Weltenbummlerin zwischen der Schweiz, Holland, New York und Wien natürlich super, denn wer hätte gedacht, dass ich ausgerechnet einen gebürtigen Oberpfälzer innerhalb der Oberpfalz in eine Gegend führen würde, in der er sich nicht auskennt. Und weiter: mal links, dann rechts, wieder links, zwischendurch auch mal länger gerade aus.

„Jetzt nähern wir uns dem Reich von Christian Wolf“, murmelte Jürgen etwas später. Oh? „Wer ist denn das?“, fragte ich scheinbar verwirrt. „Einer Deiner Baumfreunde?“ „Ja, das ist der ehemalige Förster, der oft so spannende Bäume und interessante Beiträge postet.“ „Ach so, ich dachte der heißt Stefan oder Rudi oder so.“ „Ja, die gibt es auch, aber Christian Wolf, der kennt sich hier aus wie kein anderer und für mich ist genau diese Gegend ein wenig wie ein blinder Fleck.“ Die Kinder und ich schauten uns verschmitzt an. Das lief ja super.

Kurz vor unserer Ankunft tauchte gerade rechtzeitig eine schöne Burg zu unserer Linken am Berg auf. „Schaut mal nach oben!“, meinte Jürgen. „Gefällt sie Dir?“, fragte ich scheinheilig. „Ja, schaut toll aus“, antwortete Jürgen. Seine Stimmung schien etwas zu sacken, aber er hielt sich tapfer. Das Navi schickte uns runter von der Bundesstraße in Richtung Burg, so eine geniale, zufällige und falsche Fährte, die kam uns gerade recht. Bald führte der Weg kreuz und quer durch Wohngebiete. „Es fühlt sich an, als ob wir zu jemandem auf einen Kaffee gingen“, kommentierte Jürgen.

Plötzlich hieß es: „Sie sind am Ziel!“ und da tauchte auch schon die Gestalt von Christian Wolf am Autofenster auf. Der Moment war so bezaubernd: Christian in seiner ganzen Offenheit, Jürgen wahrhaft überrascht und so erfreut – ein unvergesslicher Augenblick!

So kam es also zum ersten legendären Treffen mit Christian, den wir heute als einen sehr wertvollen Freund betrachten. Er führte uns von einem schönen Baum zum nächsten und sprühte vor Geschichten und Wissen. „Ich bin so glücklich wie schon lange nicht mehr“, waren Jürgens Worte in einem privaten Moment.

Diese beiden Männer in stiller Übereinstimmung zu erleben, wie sie mit authentischer Faszination den Bäumen begegneten und ihr Wissen austauschten, war auch für mich und die Kinder eine echte Freude.

Im Grunde gibt es nichts Schöneres, als zum Glück geliebter Menschen beitragen zu können. Und das geht wohl am besten, wenn man die Sprache der Liebe der anderen kennt. So wird man plötzlich Teil ihrer Welt und kann sie genau dann erleben, wenn sie am lebendigsten und am glücklichsten sind.

Gewaltige Eiche bei Stadelhof:
49.213083, 11.427028

Ein Waldweg stand am Anfang des Buchs, und mit einem Waldweg soll das Buch auch enden. Und dieser Weg ist für mich ein ganz besonderer Weg. In gewisser Weise ist es der Weg, der mich zu den Bäumen geführt hat.

Meine ersten Erinnerungen an Wald sind mit diesem Weg verbunden: Zwar erinnere ich mich nicht mehr an meine Ausfahrten im Kinderwagen, aber wohl an die weit zurückliegenden Sonntagsspaziergänge mit meinen Eltern. Oder daran, wie mein Taufpate regelmäßig mit mir Steinpilze suchte, Rindenschiffchen schnitzte und diese mit mir im nahen Röthenbach vom Stapel ließ.

Später als Student der Biologie erinnere ich mich daran, wie ich der imposanten Kiefer links im Bild einmal das Maßband umlegte, weil ich überzeugt war, dass es weit und breit keine dickere Waldkiefer gäbe – es gab tatsächlich eine, aber die ist längst einem Sturm zum Opfer gefallen.

WEGE

Und auch als Lehrer für Biologie und Chemie am Gymnasium bin ich oft diesen Weg gegangen. Irgendwann waren zwei kleine Fußpaare dabei. Und obwohl ich keine Rindenschiffchen geschnitzt habe, erinnere ich mich an unzählige Stunden wilder Abenteuer- und Rollenspiele mit meinen beiden wunderbaren Kindern.

Mein Lebensweg hat mich allerdings von der Frage, welche Rolle die Bäume in meinem Leben spielen würden, immer mehr entfernt. Windeln wollten gewechselt und Häuser gebaut werden. Langweilig war das Leben keine Sekunde. Die Rollen als Lehrer, als (alleinerziehender) Papa, als unbezahlter Hausmeister und als ebensolche Reinigungskraft, als (unbegabter) Koch und als Taxifahrer – um nur einige zu nennen – waren zu koordinieren. Eigentlich passt das Wort jonglieren besser.

Die Jahre vergingen und die Bäume waren viel zu weit weg in meinem Leben, bis im Januar 2018 der Waldweg wieder zum prägenden Schauplatz wurde.

Denn schließlich fand auf demselben Weg jener Waldspaziergang mit meiner Freundin Lea Simone statt, der zur Geburt meiner Baumgeschichten in den sozialen Medien und damit auch zu diesem Buch führte. In einem langen Gespräch, das man wohl im besten Sinne des Wortes als erfolgreiches Coaching bezeichnen kann, war meine Freundin die Geburtshelferin, mit der ich meinen Weg zurück zu den Bäumen gefunden habe.

Mit dem Instinkt einer Detektivin und der Beharrlichkeit einer Archäologin legte sie auf diesem Spaziergang bei mir Schicht für Schicht frei, brachte mich dazu, überhaupt wieder zu spüren, wie groß meine Sehnsucht danach ist, die Faszination für Bäume mit den Menschen zu teilen. JA!!! Genau das müsste es sein! Keine zwei Wochen nach dem Spaziergang veröffentlichte ich meine erste Baumgeschichte in den sozialen Medien.

Und so ist die Geschichte über den Waldweg zum Röthenbach auch ein Weg für mich, mich bei denen zu bedanken, durch die dieses Buch erst entstehen konnte: Lea Simone Bogner, kreativer Coach, stets mit Ideen und Anregungen zur Stelle und begeisterte Baumfotografin: Kein Weg ist ihr zu weit, wenn es darum geht, zusammen mit mir Stunden und Tage auf Baumexpeditionen zu verbringen. Rudi Wilhelm und Christian Wolf: wandelnde Lexika und begnadete Baumdetektive: Ein markanter Baum, den die beiden nicht kennen, existiert nicht.

Bedanken möchte ich mich auch für die vielen Gespräche, die sich bei den Baumbesuchen ergeben haben. Oft waren es die Menschen, auf deren Grund und Boden die fotografierten Bäume stehen, die voll Stolz und mit spürbarer Freude im Herzen von ihren Bäumen berichteten. Stellvertretend möchte ich Michael Markert nennen, der mir mehr als einmal bereitwillig den Schlosspark in Etterzhausen geöffnet hat.

Und nicht zuletzt möchte ich mich noch besonders bei Laura, Raphael, Finia und Silvan bedanken: Ihr habt mich geduldig auf vielen Baumtouren begleitet, mich mit eurer Begeisterung für das Buchprojekt immer wieder neu angesteckt und vor allem auch viele Stunden auf mich verzichtet.

Danke auch an das Team vom Battenberg Gietl Verlag: Ihr wart von Anfang an mit einer tollen Mischung aus Begeisterung, Geduld und Aufgeschlossenheit für meine Ideen dabei.

Und jetzt steht er an, der berühmte letzte Satz. Und als solcher darf er etwas pathetisch sein: Möge auch dieses Buch ein Weg sein: ein Weg, sich für die faszinierenden Bäume der Oberpfalz begeistern zu lassen und sie näher kennenzulernen.